궁금했어,
태양계

궁금했어,

유윤한 지음 | **김지하** 그림

태양계

나무생각

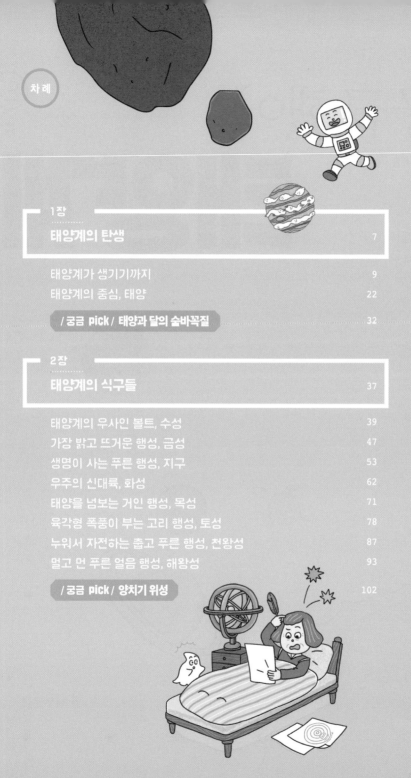

차 례

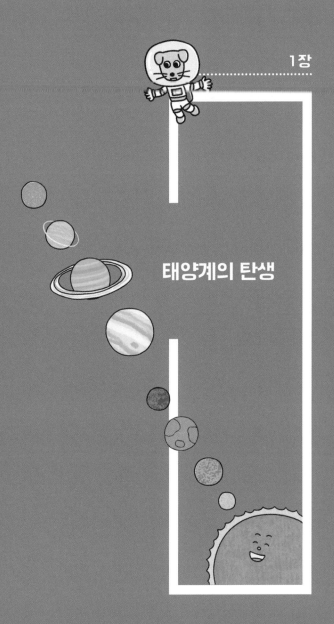

1장

태양계의 탄생

태양계가
생기기까지

새벽녘 동쪽 하늘을 바라봐. 천천히 떠오르는 태양을 볼 수 있을 거야. 그리고 해 질 무렵이면 태양은 어느새 서쪽으로 기울어. 태양에 날개가 달린 것도 아닌데 어떻게 하늘을 가로질러 동쪽에서 서쪽으로 날아간 것일까? 누군가 보이지 않는 마차에 태워 고이 옮겨다 놓은 것일까? 옛날 사람들은 매일 하늘을 바라보면서 마차나 배에 태양을 실어 동쪽에서 서쪽으로 나르는 태양신을 상상했어.

태양을 거느리는 신들

가장 유명한 태양신은 그리스 신화에 나오는 헬리오스야. 헬리오스는 강력한 태양을 거느리는 신답게 화려한 모습으로 하늘을 누볐어. 매일 새벽이면 날개 달린 말들이 끄는 헬리오스의 마차가 동쪽 하늘 위로 떠올랐지. 헬리오스의 마차는 타오르는 불꽃에 싸여 있어 낮 동안에는 감히 올려다보기도 어려웠어. 마차는 세상을 고르게 비추기 위해 부지런히 달렸지. 태양 마차를 끄는 말들은 아주 사나워 오직 헬리오스만 마차를 제대로 몰 수 있었다고 해.

헬리오스에게는 어리광쟁이 아들 파에톤이 있었어. 어느 날 파에톤은 헬리오스에게 투덜거렸어.

"내가 아버지의 아들이란 사실을 아무도 믿지 않아요. 저도 태양 마차를 몰게 해 주세요. 친구들에게 자랑하고 싶단 말이에요."

헬리오스는 아들의 소원이라면 무엇이든 들어주겠다고 이미 약속한 상태였어. 설마 아들이 태양 마차를 몰고 싶다고 할 줄은 몰랐거든.

파에톤이 태양 마차를 몰고 나간 날은 정말 최악이었어. 친구들에게 보여 주려고 땅 가까이로 갔다가 세상을 불바다로 만들 뻔했고, 하늘로 치솟았다가 별자리 신들의 노여움을 샀지. 평화로운 밤하늘의 질서를 흐트러뜨렸기 때문이야. 그러는 사이에 태양 마차의 사나운 말들은 길길이 날뛰었고, 태양은 더욱 뜨겁게 타올라 산도 강도 들판도 모두 불태울 기세였어. 신들의 우두머리인 제우스는 그대로 두었다간 세상이 망하겠다고 생각해 파에톤에게 번개를 내리꽂았지. 파에톤의 죽음과 함께 세상에는 평화가 찾아왔고, 사람들은 태양이 날뛰면 얼마나 무서운지 알게 되었어.

북유럽 사람들은 태양의 신과 달의 신은 남매 사이라고 여겼어. 두 신이 번갈아 가며 태양 마차와 달 마차를 타고 달리면, 그에 따라 낮과 밤이 바뀐다고 믿었지. 그런데 이 남매 신들이 하루도 쉬지 않고 하늘을 가로질러 마차를 모는 데는 특별한 사정이 있었어. 늘 늑대에게 쫓기고 있었기 때문이지. 우리가 시간에 쫓겨 지내다 보면 하루가 훌쩍 지나가는 것처럼, 태양의 신과 달의 신이 늑대에 쫓기다 보면 어느새 하루가 저물었어. 신화 속 늑대는 어쩌면 우리를 늘 쫓기게 만드는 시간을 빗대어 나타낸 것인지도 몰라.

마차나 배를 타고 하늘을 가로질러 태양을 실어 나르는 신에 대한 이야기는 이외에도 많아. 날마다 해가 뜨고 지는 모습을 보고 있으면, 누구라도 태양이 지구 둘레를 돌고 있다는 생각이 들기 때문이지. 그래서 아주 오래전에는 과학자들도 매일 해가 뜨고 지는 것이 태양이 지구 둘레를 돌기 때문이라고 생각했어.

천동설과 지동설

지금으로부터 2천여 년 전, 고대 그리스에는 천문학자이자 수학자인 클라우디오스 프톨레마이오스가 살고 있었어. 그는 《알마게스트》란 책을 써서 1,000년이 넘는 시간 동안 유럽과 아랍의 과학에 큰 영향을 끼쳤지. 이 책에서 프톨레마이오스는 태양을 포함해 하늘에 있는 모든 것들이 지구의 주위를 돈다고 주장하며 그 이유를 이렇게 설명했어.

"하늘에서 떨어지는 모든 물건은 땅(지구)으로 떨어지므로, 지구가 우주의 중심이다."

이 믿음은 아주 오래갔어. 불과 500여 년 전까지만 해도 천문학자들을 비롯한 많은 사람들이 태양이 지구 둘레를 돈다고 믿고 있었어. 16세기 후반까지 사람들을 지배했던 이 생각을 '천동설(天動說)'이라고 해. 천동이란 '하늘이 움직인다'는 의미야. 즉, 온 우주의 중심은 지구이고, 하늘에 보이는 모든 것들이 지구를 중심으로 움직인다는 이론이지.

하지만 어느 시대에나 남보다 빨리 진실을 알아차리는 사람들이 있는 법이야. 프톨레마이오스보다 1,400년 늦게 폴란드에서 태어난 니콜라우스 코페르니쿠스가 바로 그랬지. 그는 죽기 직전에 펴낸 《천체의 회전에 관하여》라는 책에서 지구를 포함한 모든 행성들이 태양 주위를 돌고 있다는 '지동설(地動說)'을 주장했어. 이때 지동설이란 '지구가 스스로 움직인다'는 의미야. 그리고 행성이란 스스로 빛을 내지 못하고, 태양 같은 별의 둘레를 돌면서 그 빛을 반사하는 천체를 뜻해.

코페르니쿠스가 살았던 유럽에서는 교회가 왕만큼이나 힘이 있었어. 교회는 지동설이 성경의 가르침과 맞지 않다는 이유로 코페르니쿠스와 비슷한 주장을 하는 사람들을 무조건 잡아들였어. 지동설을 주장했던 이탈리아의 수도사 조르다노 브루노는 종교 재판을 받은 뒤 화형에 처해지기도 했지.

이탈리아의 천문학자 갈릴레오 갈릴레이 역시 지동설을 주장하다가 죽을 뻔했어. 갈릴레이는 직접 만든 망원경으로 밤하늘을 관찰하며 수많은 천체들의 움직임을 알아냈어. 토성 둘레의 고리를 발견했고, 목성 주위를 도는 위성을 4개나 찾아냈어. 이 과정에서 그는 결정적인

의문을 품게 되었지.

'이 천체들은 왜 지구가 아니라 목성 주위를 돌고 있는 거지? 지구가 우주의 중심이 아니란 말인가?'

결국 갈릴레이는 지구뿐만 아니라 화성, 수성, 금성 같은 다른 행성들도 태양 주위를 돌고 있다는 사실을 알아냈고, '지동설'에 찬성하게 되었지. 하지만 막상 종교 재판에서 사형 선고를 받게 되자 말을 바꿨어.

"다시 생각해 보니 천동설이 맞는 것 같습니다. 암요. 태양이 지구 둘레를 도는 게 맞지요."

아무리 과학적 사실을 밝히는 것이 중요하다 해도 목숨과 맞바꾸기는 싫었던 것 같아.

갈릴레이와 비슷한 시기에 살았던 요하네스 케플러는 더욱 놀라운 사실까지 알아냈어. 많은 관측 자료를 바탕으로 지구를 포함한 여러 행성들이 어떤 법칙으로 태양의 둘레를 도는지 발견했거든. 그는 모든 행성들은 태양을 중심으로 길쭉한 타원 궤도를 그리며 '공전'한다고 주장했어. 공전이란 천체가 별이나 행성 주위를 도는 것을 말하고, 공전할 때 천체가 움직이는 길을 '궤도'라고 해.

그뿐만 아니라 케플러는 태양에서 멀어질수록 행성이 움직이는 속도가 느려진다는 사실도 알아냈어. 이제 사람들은 지구를 포함한 모든 행성들이 태양 둘레를 돈다는 사실을 더 이상 의심하지 않게 되었어. 그리고 태양과 그 둘레를 도는 천체들의 집합을 '태양계'라 부르기로 했지.

우주의 탄생

우주는 지금으로부터 138억 년 전쯤 한 점에서 폭발하며 생겨났어. 우주의 출발점이라 할 수 있는 이 폭발을 '빅뱅(Big Bang)'이라고 불러. 빅뱅이 일어난 뒤 수억 년 동안 우주는 아주 뜨거운 가스공처럼 부풀어 오르다가 천천히 식었어. 이때 구름 덩어리 안에서 먼지와 가스가 서로 뭉치면서 별의 씨앗이 되었지. 이 씨앗들은 점점 커져 수많은 별들로 자라났어. 태양도 이런 거대한 가스 구름에서 태어난 별이야.

태양은 지금으로부터 46억 년 전쯤 생겨났어. 태양의 고향이 된 가스 구름 속에는 우주에서 가장 흔한 기체인 수소 알갱이들이 많았어. 어마어마하게 많은 수소 알갱이들이 뭉치고 충돌하는 핵융합을 통해 생겨난 태양은 빛과 열을 내뿜는 별이 되었지.

가스 구름 안에서 태양이 생겨나자, 그 주변으로 큰 소용돌이가 치기 시작했어. 태양 주변에 있던 먼지와 기체는 소용돌이에 휘말려 서로 충돌하다가 달라붙었고, 나중에 태양계의 행성들로 자라날 씨앗이 되었어. 지구는 이런 씨앗이 자라서 만들어진 행성 중 하나야.

태양계를 이루는 것들

태양에서 가까운 곳에서 생겨난 행성에는 금속이나 암석이 많아. 태양이 내뿜는 뜨거운 열기에 산소나 수소처럼 가벼운 기체는 날아가도 금속이나 암석처럼 무거운 고체는 남아 있기 때문이지.

예를 들어 태양에 가까운 수성, 금성, 지구, 화성은 대부분이 금속과 암석으로 이루어져 있어. 그래서 나머지 다른 행성들에 비해 크기는 작아도 우주선이 착륙할 단단한 땅이 있지. 이런 행성들을 '지구형 행성', 또는 '암석형 행성'이라고 해.

태양과 멀리 떨어진 곳에서 생겨난 행성들은 주로 기체 또는 기체가 꽁꽁 언 얼음 알갱이로 이루어졌어. 예를 들면 목성, 토성, 천왕성, 해왕성 등인데, 이 행성들을 '목성형 행성'이나 '가스 행성'이라고 해.

행성들은 각기 다른 궤도를 따라 다른 속도로 태양을 공전하고 있어. 행성이 태양 둘레를 한 바퀴 공전하는 시간을 보통 그 행성의 1년이라고 하지. 지구의 1년은 약 365일이야.

태양계의 모든 행성은 태양 둘레를 공전하면서 동시에 팽이처럼 제자리에서 쉼 없이 뱅글뱅글 돌아. 이렇게 행성이 도는 것은 '자전'이라고 해.

태양계에는 태양이나 행성 말고 다른 식구들도 있어. 위성, 소행성, 왜소 행성, 혜성 등이지. 이 중에서 위성은 행성 둘레를 공전하는 작은 천체들을 뜻해. 또 태양계의 행성들은 대부분 주변에 위성을 거느리고 있어. 지구는 달 하나만 위성으로 거느리지만, 목성 둘레에는 수십 개의 위성이 있지. 위성들은 항상 행성 곁에 있기 때문에 결국 행성과 함께 태양 둘레를 공전하게 돼. 그리고 제자리에서 뱅글뱅글 도는 자전도 하지. 어쩌면 위성이야말로 태양계에서 가장 바쁜 천체라고 할 수 있어.

그 외에 소행성, 왜소 행성, 혜성들도 자기만의 궤도를 그리면서 태

양 둘레를 쉼 없이 돌고 있어. 궤도의 모양이 들쭉날쭉 이상해도 모두가 태양의 힘에서 벗어나지 못하고 그 주변을 도는 태양계의 식구들이야.

태양계를 움직이는 힘

태양이 주변의 행성들과 그 외 크고 작은 천체들이 도망가지 못하게 끌어들이는 힘은 '중력'이야. 그런데 태양만 중력을 가진 것은 아니야. 중력이란 우주의 모든 물체들이 서로 끌어당기는 힘이거든. 크고 무거울수록 중력이 세기 때문에 태양계 천체들은 대장인 태양 쪽으로 끌려갈 수밖에 없어. 하지만 천체마다 각자의 중력과 스스로 나아가려는 힘이 있기 때문에 태양에 완전히 끌려가지는 않고, 그 주변을 빙글빙글 도는 공전을 하게 되지.

태양계에 속한 대부분의 행성들은 중력뿐만 아니라 '자기장'도 가지고 있어. 자기장이 생기는 이유는 좀 복잡해. 그중에서 가장 이해하기 쉬운 부분은 전기와 관련된 거야. 행성 내부는 온도가 높아 철이나 니켈 같은 금속이 녹아 흐르고 있지. 이때 전기를 만드는 알갱이가 움직이면서 전류가 흐르게 되는 거야. 그런데 행성이 자전을 하면 이 전류가 하나의 방향으로 흐르게 돼. 지구와 같은 행성 속에 거대한 전류가 흐르면, 그 주변에는 자기장이 만들어지지. 전류가 흐르면 자기장이 생기는 이유는 나중에 물리학 공부를 하면 더 자세히 알 수 있어.

지구와 같은 행성들은 내부에 전류가 흐르는 큰 전선이 있는 셈이야. 그래서 주변으로 거대한 자기장이 생겨나지. 쉽게 말하면 행성 자체가 하나의 거대한 자석인 거야. 지구의 북극이 자석의 N극을 끌어당기고, 남극은 자석의 S극을 끌어당겨. 지구의 자기장에 대해서는 뒤에서 좀 더 자세히 알아볼게.

태양계는 얼마나 클까?

태양계의 범위가 어디까지인지에 대해서는 여러 가지 의견이 있어. 보통은 태양의 영향을 받는 천체들이 있는 곳까지를 말해.

태양에서 가장 멀리 있는 천체로 알려진 명왕성(왜행성 134340) 너머에도 얼음 알갱이와 작은 천체들이 궤도를 그리며 태양 주위를 돌고 있어. 이곳을 '카이퍼 벨트'라고 해. 지금까지 여기서 발견된 천체만도 2,000개가 넘지. 그런데 여기가 태양계의 끝은 아니야.

여기서 한참을 더 가도 여전히 태양의 중력에 이끌려 궤도를 도는 천체들이 있어. 작은 천체들이 구름처럼 태양계 전체를 큰 고리처럼 감싼 모습이 보이는데, 이것을 '오르트 구름'이라고 해.

오르트 구름이 어디에서 끝나는지는 정확히 알 수 없어. 아직 우리의 관측 장비 기술이 부족하기 때문이야. 그래서 보통은 '태양풍'이 멈추는 곳을 태양계의 끝이라고 봐.

태양풍이란 말 그대로 태양에서 불어나오는 바람을 뜻해. 물론 태양이 선풍기처럼 실제로 바람을 내뿜는다는 뜻은 아니야. 태양은 우리 눈에는 보이지 않는 '플라스마' 알갱이들을 쉬지 않고 내뿜고 있어. 마

카이퍼 벨트

오르트 구름

치 액체가 높은 열을 받으면 끓어올라서 기체가 되듯이 중심 온도가 1500만 ℃인 태양 속에서는 수소 같은 기체가 뜨거운 열을 받아 끓으면서 상태가 변하지. 그리고 더 작은 알갱이들로 쪼개지면서 전기를 띠게 되는데, 이것을 플라스마라고 해.

태양의 플라스마는 힘이 센 태양풍을 만들어. 태양풍은 약 180억 km 밖까지 영향을 끼치는데, 보통은 여기까지를 태양계로 봐. 하지만 태양의 중력은 그보다 훨씬 더 멀리 있는 오르트 구름 너머까지 영향을 미치지. 오르트 구름까지 거리는 약 15조 km라고 해.

태양계의 중심,
태양

태양은 태양계 안에서 오직 하나밖에 없는 '별'이야. 별이란 스스로 빛을 낼 수 있는 천체를 뜻해. '항성'이라고도 하지. 태양계의 나머지 천체들은 모두 이 항성 둘레를 돌면서, 그 빛을 받아 반사할 때만 우리 눈에 보여. 쉽게 말해 밤하늘을 밝히는 달이나 초저녁과 새벽녘에 떠오르는 샛별(금성)도 태양빛을 반사하는 위치에 있을 때만 빛나 보이지. 그렇지 않은 경우에는 아무리 가까이 있어도 우리 눈에 보이지 않아.

태양이 뜨거운 열과 빛을 내는 이유

태양은 거대하게 타오르는 불덩어리이기 때문에 태양계 전체로 빛과 열을 내보낼 수 있어. 태양이 이처럼 불타오를 수 있는 이유는 태양 안쪽에서 수소 폭탄 수백만 개가 계속 터지는 듯한 반응이 일어나고 있기 때문이야.

기체로 이루어진 태양에는 지구처럼 단단한 땅이 없어. 하지만 중력은 지구와 비교도 하기 어려울 정도로 크지. 태양을 이루기 위해 뭉친 어마어마하게 많은 기체와 먼지 알갱이들이 저마다 중력을 가지고 있기 때문이야. 이 알갱이들의 중력이 모두 더해지면, 높은 온도와 열, 강한 압력을 가진 태양 내부에서는 수소(H) 원자

태양	
태양계의 중심	
무게	지구의 약 33만 배, 태양계 전체 질량의 99.85%
지름	139만 km
표면 온도	평균 5,500℃
공전 주기	약 2억 년 (우리 은하 기준)
자전 주기	약 25일(적도)

핵 2개가 충돌하여 헬륨(He)이라는 새로운 기체를 만들어. 이 과정을 '핵융합'이라고 해. 실제로 태양의 중심부에서는 핵융합 반응이 끊임없이 일어나고 있어.

핵융합이 만들어 내는 에너지는 상상을 초월할 정도야. 태양은 중력이 크기 때문에 바깥에서 중심을 향해 누르는 힘도 커. 바로 이 힘 때문에 중심에는 뜨거운 열과 압력이 발생하고, 그로 인해 가벼운 수소 원자핵이 조금 더 무거운 헬륨 원자핵으로 융합되면서 남는 질량만큼 엄청난 에너지를 만들어 내는 거지. 이 원리를 가장 잘 설명한 사람이 알베르트 아인슈타인이야. 아인슈타인은 $E = mc^2$ 공식에서 아무리 작은 질량(m)이라도 광속의 제곱 값(c^2)을 곱한 만큼, 그러니까 엄청난

23

나만 믿어~

에너지(E)가 될 수 있다고 했어. 이 핵융합으로 나오는 에너지가 바로 태양에서 나오는 빛과 열의 출발점이라 할 수 있지.

태양 에너지가 가진 힘은 1억 5천만 km 떨어진 지구를 따뜻하게 만들 정도로 커. 태양의 중심에서 만들어진 에너지가 표면까지 올라오는 데 걸리는 시간은 수천 년에서 수백만 년이지만, 태양에서 지구까지 오는 시간은 겨우 8분밖에 안 걸려. 이 사실만 보아도 태양이 지구보다 훨씬 크다는 것을 알 수 있어.

태양 에너지가 이동하는 방법은 두 가지야. 첫 번째는 '대류'인데, 액체나 기체가 흐를 때 함께 흘러서 이동하는 방법이지. 두 번째는 직접 멀리까지 뻗어 나가는 거야. 중간에 다른 물질이 필요 없이 에너지가 방사되는 이 방법을 '복사'라고 해. 태양 에너지가 태양 중심부의 핵에서 처음 빠져나와 대류층에 이르기 전과 태양을 벗어나 우주 공간으로 퍼져 나가는 게 복사야.

흔히 '태양열'이라고 부르는 태양 에너지는 지구까지 복사를 통해 전달돼. 태양열은 가시광선, 적외선, 자외선과 같은 다양한 전자기파로 나뉘는데, 그중에서 우리가 볼 수 있는 것은 일곱 빛깔을 띠는 '가시광선(可視光線)'이고, 지구 표면을 데우는 것은 '적외선'이야.

지구에 도달한 태양 에너지는 전체 태양 에너지 중 22억분의 1 정도밖에 안 돼. 하지만 지구상의 모든 생명체를 먹여 살리지. 지구의 생태계 피라미드는 식물로부터 시작되고 식물을 먹고사는 동물을 거쳐 최상위 포식자인 사람에 이르러.

생태계 피라미드의 밑바닥을 든든하게 받치는 식물은 햇빛을 통해

'포도당'을 스스로 만들어 내. 그리고 그 과정에서 사람과 동물이 숨 쉬는 데 꼭 필요한 산소를 내뿜지.

사실 인간이 사용하는 거의 모든 연료도 태양 에너지로부터 생겨난 거야. 화석 연료가 좋은 예야. 화석 연료는 아주 오래전 생물이 땅 속 에 묻혀서 만들어진 것으로, 석유, 석탄, 천연가스 등이 있어. 요즈음 에는 발달된 과학 기술을 이용해 태양 에너지를 모아 전기나 열로 바 꾸어 쓰기도 해.

알고 보면 복잡한 별, 태양

태양은 활활 타오르는 거대한 가스로 이루어진 공과 같 아. 그런데 자세히 들여다보면, 태양의 생김새는 은근히 복잡해. 멀리 서 둥그렇게만 보이던 사람 얼굴도 가까이 가면 짙은 눈썹, 반짝이는 두 눈, 오뚝한 코, 붉은 입술, 하얀 치아가 있듯이 태양도 마찬가지야. 심지어 우주 망원경이나 우주 탐사선이 가까이서 찍은 사진을 보면 늘 모습이 변하고 있어. 태양 표면에 흑점, 플레어, 홍염 등이 끊임없이 생겼다가 사라지거든.

태양 표면을 '광구'라고 해. 광구에는 쌀알을 뿌려 놓은 듯한 무늬 가 있어. '쌀알 무늬'라 불리는 이런 조직은 광구 밑의 대류층에서 기 체가 솟아올랐다 내려가면서 생긴 거야. 기체는 뜨거워질수록 위로 올 라가려는 성질이 있기 때문에 온도가 높은 기체가 태양 표면으로 떠 오르면, 그 부분이 밝게 보이고 온도가 낮은 주변은 어둡게 보이는 거

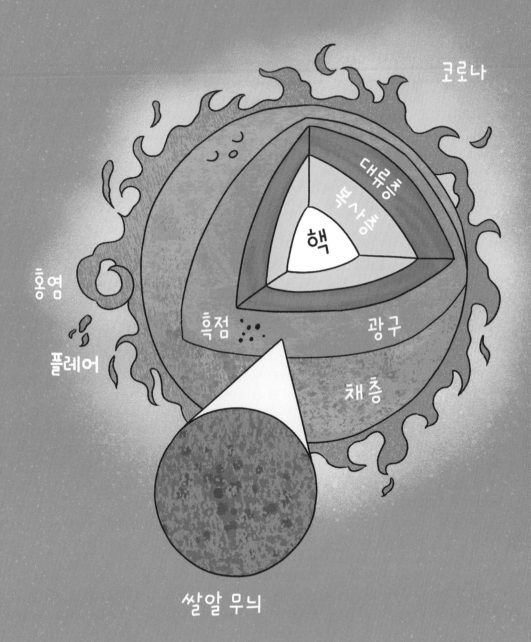

코로나

대류층

복사층

핵

홍염

플레어

흑점

광구

채층

쌀알 무늬

지. 이처럼 밝고 어두운 부분이 태양 표면에 번갈아 나타나면서 쌀알 무늬를 만들게 돼.

태양 속 기체 중에는 광구까지 올라올 정도로 뜨겁지 않은 것도 있어. 이런 기체가 뭉쳐 있는 곳은 주변보다 온도가 낮기 때문에 어둡게 보여. 이곳을 '흑점'이라고 해. 흑점의 수나 위치는 계속 변해. 약 11년을 주기로 100개 정도까지 늘어났다가 다시 줄어들기를 반복하고 있지.

지구처럼 태양에도 대기가 있어. 태양의 광구를 둘러싸고 있는 대기는 주로 수소와 헬륨으로 이루어졌고, '채층'과 '코로나'로 나뉘어.

광구 바로 위에 있는 채층은 두께가 2,000~3,000km 정도이고, 붉은빛을 내며, 광구보다 훨씬 온도가 높아. 이곳에서는 태양 밖으로 힘껏 치솟는 고리 모양의 불꽃이 보이기도 하지. 태양의 뜨거운 가스 기둥이 우주 공간으로 치솟았다가 다시 태양 표면으로 돌아가는 바람에 생긴 '홍염'이야. 지구 10개 정도는 거뜬히 들어갈 정도로 크다고 해.

채층 위로 태양을 더 넓게 둘러싸고 있는 것은 코로나야. 코로나는 채층보다 훨씬 더 두껍고(수백만 km), 온도도 훨씬 더 높아. 100만 ℃에

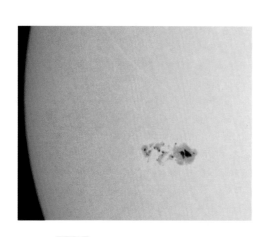

태양 흑점 ⓒNASA

28

이르는 뜨거운 열을 내뿜으며 약 초속 400km 속도로 전기 알갱이를 방출해. 이 알갱이가 바로 앞에서 이야기한 플라스마야. 플라스마는 코로나로부터 쉼 없이 뿜어져 나오며 태양풍을 만들지.

태양은 표면에서 위로 올라갈수록 온도가 뜨거워지는 별이야. 온도가 올라가고 올라가다가 마침내 뜨겁고 빛나는 가스와 플라스마를 우주로 쏘아올리듯 폭발이 일어나기도 해. 태양 표면 온도보다 훨씬 더 뜨거운 이 불꽃의 이름은 '플레어'야.

태양 에너지와 지구가 만날 때

플레어는 주로 태양의 흑점 부근에서 생겨나. 대규모 플레어가 자주 발생하면, 지구에서는 통신이 끊기고 인공위성이 충격을 받을 뿐만 아니라 플레어의 강력한 자기장이 지구의 송전 시설을 망가뜨려 정전이 일어나기도 해.

태양풍이 지구 안으로 들어올 때도 눈에 띄는 변화가 일어나. 앞에서도 말했듯이 지구는 하나의 커다란 막대자석이고, 북극과 남극은 지구 전체를 둘러싼 자기장이 드나드는 곳이거든. 극 지방은 운동장에서 뛰놀던 아이들이 한꺼번에 들어오는 출입문과 비슷하기 때문에 자기장이 아주 강력해.

지구에 도착한 태양풍의 플라스마 알갱이들은 자기장이 센 극지방으로 끌리게 되지. 플라스마는 전기를 띠고 있기 때문이야.

만일 강력한 태양풍이 그대로 지구 표면에 닿는다면, 생명체들에게

는 큰 재앙이야. 태양풍의 강력한 방사선 때문에 생명이 위험해질 수
도 있어. 하지만 태양풍은 지구의 자기장에 끌려드는 순간 대기 중 산
소나 질소와 충돌하면서 힘을 잃게 돼. 그리고 그렇게 사라지는 힘으
로 밤하늘에 아름다운 무지개빛 그림을 그리지. 이것을 '오로라'라고
불러.

오로라는 태양계에서 벌어지는 가장 아름다운 쇼 중 하나야. 맑은
날 공기가 오염되지 않은 곳에서만 볼 수 있고, 관찰 지역에 따라 '오
로라 보레알리스'(북반구)와 '오로라 오스트랄리스'(남반구)로 다르게
불리기도 해.

태양에 대한 설명을 마무리하면서 다시 한번 확실히 알아 둘 것이
있어. 태양계의 중심은 태양이고, 태양계의 모든 천체는 태양을 중심
으로 도는 자기만의 궤도를 가지고 있어. 소행성이나 혜성이 자기 궤

노르웨이에서 관측된 오로라

도를 벗어나 지구에 충돌하지 않는 것은 태양이 중심에서 균형을 잘 잡고 있기 때문이야. 태양은 지구가 다른 천체와 충돌해 부서지지 않도록 지켜 줄 뿐만 아니라, 태양열이라는 생명 에너지를 주는 고마운 별이지.

태양과 달의 숨바꼭질

옛날 사람들은 태양과 달에 대해서 늘 두려움을 느끼며 숭배하고 관찰했어. 태양과 달은 시간의 흐름과 계절 변화를 알려 줄 뿐만 아니라 농사에도 큰 영향을 끼쳤거든. 그래서 태양과 달에 갑자기 변화가 생기면 두려움을 느꼈지.

예를 들어 어느 날 갑자기 대낮에 태양이 사라지고 하늘이 어두워지면 큰 재앙이 일어날 징조로 여겼어. 이 현상은 '일식'이야. 달이 지구와 태양 사이를 지나면서 태양을 가릴 때 일어나지. 즉, 태양이 달 뒤로 숨어 갑자기 보이지 않게 되는 거야.

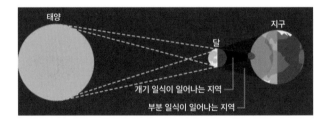

일식 때의 태양·지구·달의 위치

일식이 일어나면, 태양이 달에 가려지면서 사라져. 하지만 몇 분 정도 지나면 다시 모습을 보이지. 위치에 따라 태양의 일부만 가려지는 경우도 있어. 태양이 완전히 가려지는 것은 '개기 일식', 일부분만 가려지는 것은 '부분 일식'이라고 해.

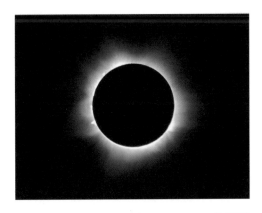

개기 일식

　옛사람들은 행성의 운동 원리를 몰랐기 때문에 태양이 사라지는 일식을 불길하게 여겼어. 태양이 없으면 지구상의 모든 생명체는 살아가기 어렵거든. 그래서 비록 짧은 순간이지만 태양이 사라지는 게 두려웠을 거야.

　달이 지구로부터 멀리 있으면 크기가 작아 보여. 이때 일식이 일어나면 더욱 특이한 현상이 나타나지. 달이 태양을 완전히 가리지 못해서 태양 주변부는 여전히 보이거든. 태양은 검은 어둠 속으로 사라지고 주변부만 환하게 빛나는 거야. 갑자기 어두운 하늘에 황금빛 고리가 떠오른 것 같기도 하고, 검은 달을 둘러싼 황금 반지 같기도 한 신비로운 광경이 펼쳐지지. 이런 현상은 '금환 일식'이라고 해.

　일식에 대한 최초의 기록은 아일랜드에서 발견된 화석이야. 기원전 3340년 것으로 밝혀진 이 화석에는 태양과 달이 변하는 모습을 상징하는 그림이 새겨져 있어. 인류가 얼마나 오래전부터 일식을 관찰해 왔는지를 보여 주는 증거지.

21세기 동안 앞으로 우리나라에서 일식을 관찰할 수 있는 기회는 모두 네 번 정도야. 2035년, 2041년, 2063년, 2095년이지. 특히 2041년과 2095년에는 금환 일식을 볼 수 있을 거야.

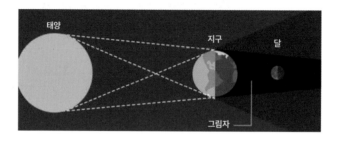

월식 때의 태양·지구·달의 위치

일식과 달리, 지구가 달과 태양 사이에 들어가는 경우도 있어. 이렇게 되면 달이 지구의 그림자 속으로 숨어 버리는 '월식'이 일어나. 이때 달은 그 모습을 완전히 감추지는 못해. 일식 때의 태양은 검은 커튼 뒤로 완전히 모습을 감춘 것과 비슷하지만, 월식 때의 달은 붉은 망사 커튼 뒤로 숨는 것과 비슷해. 어두운 붉은빛을 내며 흐리게 보이거든.

그림처럼 월식 때 지구 그림자는 달을 가리면서 태양 빛이 달에 가지 못하도록 막아. 하지만 붉은색과 주황색 빛만은 지구 대기를

블러드문

비스듬하게 통과해 달에 닿지. 그리고 이 빛을 달이 반사하면 붉게 물들어 보여. 그래서인지 서양에서는 월식 때의 달을 '블러드문 (blood moon, 핏빛 달)'이라고 해.

고대 잉카 사람들은 호랑이가 달을 공격해 잡아먹으면 블러드문이 된다고 믿었어. 그래서 월식이 일어나면 소리치고 창을 흔들며 개를 짖게 만들었어. 달을 잡아먹는 호랑이를 쫓아내기 위해서였지.

고대 메소포타미아 사람들은 월식 때 달이 붉게 물들면 왕이 공격을 받는다고 믿었어. 그래서 월식이 다가오면 잠깐 동안 가짜 왕을 임명하기도 했어. 왕의 생명을 지키기 위해 부지런히 밤하늘을 관측한 메소포타미아 사람들 덕분에 인류는 고대부터 뛰어난 천문 지식을 갖출 수 있었지.

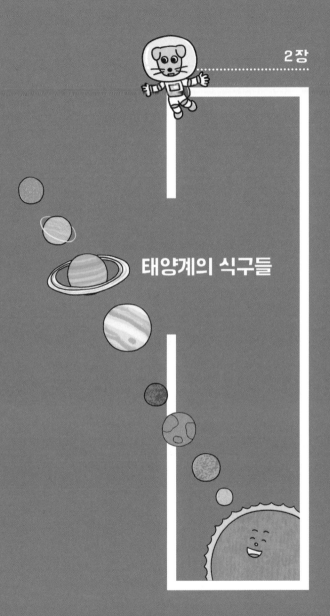

태양계의 식구들

태양계의 우사인 볼트,
수성

태양계에는 행성, 위성, 소행성, 혜성, 왜행성 등의 천체들이 있어. 행성은 태양계를 이루는 이 식구들 중 가장 몸집이 커. 물론 대장인 태양을 빼고서 말이야. 태양계의 행성들은 수성, 금성, 지구, 화성, 목성, 토성, 천왕성, 해왕성 모두 8개야. 모두 거대한 태양의 중력에서 벗어나지 못하고, 자신만의 궤도를 그리며 태양 둘레를 쉼 없이 돌지.

태양계 행성들은 대부분 위성을 가지고 있어. 위성은 행성의 중력에 끌려 그 주변을 공전하면서, 행성과 함께 태양 둘레도 돌아. 대부분은 암석 덩어리로 이루어졌고, 행성보다 크기가 훨씬 작지. 그런데 수성과 금성 둘레에서는 지금까지 어떤 위성도 발견되지 않았어. 그 이유는 태양의 강력한 중력 때문일 거야. 사실 태양과 가까이 있는 수성과 금성이 태양의 중력에 끌려가 삼켜지지 않는 것만으로도 대단해. 만일

수성 ©NASA

두 행성 주변에 그보다 훨씬 작은 위성이 있다면 당연히 태양의 중력에 끌려가 삼켜지고 말 거야.

다행히 지구는 이들보다는 태양에서 멀리 떨어져 있어서 위성인 달을 거느리고 있지. 달은 멀리 있는 태양보다는 가까이 있는 지구의 중력에 더 크게 이끌리거든.

지금부터는 태양에서 가장 가까운 행성에서 가장 먼 행성까지 그리고 행성 주변에 있는 위성들도 하나씩 살펴보자.

수성은 태양과 가장 가까운 행성이야. 공전 속도가 빨라 태양 둘레를 한 바퀴 도는 데 88일이면 충분하지. 태양계의 어떤 천체도 수성보다 빨리 태양을 공전하지는 못해. 그런 의미에서 수성은 태양계의 우사인 볼트라고 할 만해.

긴 낮과 긴 밤

지구의 1년이 365일이라면, 수성의 1년은 88일이야. 이때 1년은 행성이 태양 둘레를 한 바퀴 도는 시간을 뜻해. 지구에서는 아직 석 달도 지나지 않았는데 수성에서는 이미 1년이 훌쩍 지나가 버린 셈이지. 만일 미래에 지구인 여행자가 수성을 찾아간다면, 너무 뜨거운 낮과 너무 추운 밤, 그리고 지나치게 긴 낮과 긴 밤에 놀라게 될 거야. 수성의 1년이 지구 기준 너무 짧은 것도 놀랍지만, 한 낮과 한 밤이 지나는 데 걸리는 시간이 1년보다 길다는 정도 이상할 거야. 이 것은 수성이 태양 둘레를 2번 공전하는 동안 제자리에서 도는 자전을 3번만 하기 때문에 일어나는 일이야. 물론 공전 궤도가 전체적으로 기 울어져 있는 것도 이유지.

수성의 자전 주기는 지구 기준으로 약 59일이지만, 이런 여러 가지 특성들 때문에 태양이 하늘에서 같은 위치로 돌아오는 데 걸리는 시간 은 약 176지구일이야. 하늘에 태양이 같은 위치로 돌아오는 것을 '하루' 라고 해. 그러니까 지구로 치면 태양이 하늘에서 가장 높은 위치에 있는 정오에서 다음 날 정오까지를 하루라고 하고, 지구의 하루는 24시간이 지. 같은 기준으로 수성의 하루는 176지구일이라는 말이야. 그 사이 수 성은 태양을 두 번이나 공전하지. 만약 지구인 여행자가 수성에 머물면 서 해가 뜨는 것을 본 뒤 다음 날 해가 뜨는 것을 보려면 176일이나 기 다려야 할 수도 있어.

물론 그전에 수성의 어마어마한 추위와 더위를 견디지 못하고 다른 행성으로 떠나 버릴지도 몰라. 수성에는 행성 전체를 둘러싸고 보호해 주는 대기가 없어. 대기는 지나치게 뜨거운 태양열과 여러 가지 해로 운 전자기파가 행성 표면에 직접 닿지 않도록 막아 줘. 하지만 대기가 없는 수성은 낮에는 400℃를 훨씬 넘고, 밤이 되면 영하 180℃까지 떨 어지지. 낮과 밤이 바뀔 때마다 모든 것이 뜨겁게 달아올랐다가 다시 꽁꽁 얼어붙는 일이 반복돼.

그런데 수성이 뜨겁다고 이웃인 금성으로 도망가려는 생각은 하지 않는 것이 좋아. 금성이야말로 수성을 뛰어넘어 태양계에서 가장 뜨거운 행성이거든. 수성보다 금성이 태양에서 먼 데도 더 뜨거운 이유는 뒤에서 알아볼게.

달과 닮은 행성

수성에는 대기가 없다고 했잖아. 대기가 없는 천체의 특징은 또 있어. 아주 멀리서도 관측되는 특이한 외모가 만들어진다는 거야.

수성
태양계에서 가장 빠른 행성

자전 주기	약 58.6일
공전 주기	약 88일
중력	0.38(지구의 중력을 1로 보았을 때)
반지름	약 2,400km(지구의 0.4배)
표면 온도	-180~430℃ (평균 -167℃)

지구에서는 소행성이나 암석이 날아들면 대기 중 공기 알갱이들과 부딪히면서 대부분 마찰열에 타 버려. 하지만 대기가 없는 수성에 소행성이나 암석이 날아오면 그대로 충돌해 커다란 구덩이가 생겨. 이런 구덩이를 '충돌 크레이터(분화구)'라고 해. 크레이터는 아주 커서 멀리서 보면 특이한 무늬로 보이지.

수성 말고 달에도 엄청나게 많은 크레이터가 있어. 달도 수성과 마찬가지로 표면을 보호해 줄 대기가 전혀

수 성

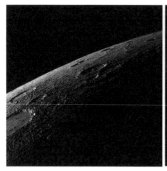

수성(왼쪽)과 달(오른쪽)의 표면 ©NASA

없기 때문이야. 지구에서는 달의 앞면에 있는 수십만 개의 크레이터를 맨눈으로도 어렴풋이 볼 수 있어. 옛사람들은 달의 크레이터가 만드는 무늬를 보고 여러 가지 상상을 했지.

어떤 지역에서는 보름달의 무늬를 보고 양동이에 물을 긷는 모습이 라고 상상했어. 폴리네시아에서는 여인이 베를 짜는 모습이라고 여기 기도 했대. 또 중국 사람들은 크레이터 때문에 움푹 패어 어둡게 보이 는 부분을 방아를 찧는 토끼와 같다고 상상해 '옥토끼'라고 불렀어. 그 리고 달 탐사 로봇에게도 '옥토끼'를 뜻하는 '위투'란 이름을 붙여 주 었지. 우리나라 사람들도 비슷하게 생각했어. 고구려 시대 무덤에도 달에 사는 토끼의 모습이 그려져 있어.

수성은 관측하기 어려워 '옥토끼' 같은 옛이야기의 주인공을 만들어 내지는 못했어. 하지만 과학 기술이 발달하고 또렷한 사진을 찍을 수 있게 되면서 수성이 달과 아주 많이 닮았다는 사실이 밝혀졌지.

이렇게 뜨거운 행성에 얼음이?

수성에 생긴 크레이터 중 하나인 '칼로리스'는 지름이 1,500km가 넘어. 달의 남극에 있는 크레이터에 이어 태양계에서 두 번째로 크지. 칼로리스처럼 큰 크레이터들은 아주 깊게 움푹 패어 있기 때문에 그 안으로 신나게 내려가다가는 어둠에 갇혀 버릴 수도 있어. 이곳의 바닥에서는 태양 빛이 거의 닿지 않기 때문에 매일 영하 150℃를 훌쩍 넘는 추위가 계속돼. 그 결과 크레이터가 파일 때 생긴 물이 퇴적물과 함께 얼어붙어 있지. 과학자들은 수십억 년 동안 깨끗하게 보관되었을 수성의 얼음에 아주 관심이 많아.

달처럼 뜨고 지다

땅 위는 400℃가 넘는데 크레이터 밑바닥에 얼음이 꽁꽁 얼어 있는 수성. '불과 얼음의 행성'이라 불릴 만하지. 그런데 이 신기한 행성은 지구에서 가까운 편인데도 맨눈으로는 관찰하기 어려워. 지구가 낮일 때 수성이 반사하는 빛은 그보다 훨씬 밝은 태양 빛에 가려지기 때문이야. 낮에 하늘에 뜬 별이나 달이 거의 보이지 않는 것과 같은 이치지. 밤에 전구를 켜면 멀리서도 잘 보이지만, 환한 대낮에는 아주 가까이에서만 겨우 볼 수 있는 것도 같은 원리야.

그렇다면 태양 빛이 눈부시지 않은 밤에 수성을 관찰하면 어떨까? 안타깝지만 밤에도 수성을 볼 수는 없어. 밤에 수성을 관찰하려는 사람은 태양을 등지고 있기 때문이야. 수성은 지구와 태양 사이에 있기 때문에 수성을 관측하려면 지구에서 태양을 바라보는 쪽으로 가야 해. 앞에서 이야기했듯 이런 경우에는 수성이 반사하는 빛이 환한 태양 빛에 가려 보이지 않아.

그러면 지구에서는 수성을 아예 볼 수 없는 것일까? 꼭 그렇지는 않아. 어둠이 내릴 무렵이나 해가 뜰 무렵 햇빛이 흐려지면, 태양 쪽에 있는 수성을 몇십 분 정도는 관찰할 수 있어. 이때 성능이 좋은 망원경으로 본다면, 마치 초승달이나 보름달처럼 보일 거야. 수성이 햇빛을 받는 위치나 지구와 이루는 각도에 따라 모양은 그때그때 다르지. 그러고 보면 수성은 여러모로 달과 많이 닮은 행성이야.

가장 밝고 뜨거운 행성,
금성

금성은 '샛별' 혹은 '개밥바라기'라고 해. 행성인데도 별로 불리는 이유는 그만큼 밝게 빛나기 때문이야. 금성은 밤하늘에서 가장 밝게 빛나는 별보다도 100배 이상은 밝게 보여.

초저녁과 새벽에만 보이는 행성

뒤쪽에 있는 그림을 보면, 지구와 가장 멀리 있을 때(e) 금성은 태양 너머 반대편에 있어. 이때는 금성➡태양➡지구 순으로 일직선을 이루게 돼. 그래서 지구에서는 태양 뒤쪽에 있는 금성이 전혀 보이지 않아. 그렇다고 태양과 금성의 위치가 바뀌어, 태양➡금성➡지구 순으로 일직선을 이루어도 금성은 보이지 않아(a). 금성과

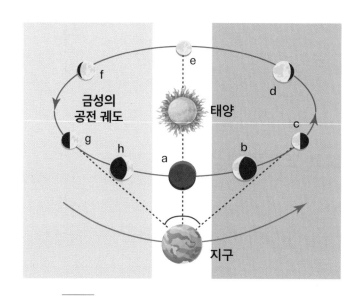

지구에서 보이는 금성

지구의 거리는 가장 가깝지만, 금성에서 태양 빛을 반사하는 면이 지구를 등지고 있기 때문이야.

위의 그림을 보면 금성을 관측하기 가장 좋은 때를 알 수 있어. 지구에서 볼 때 금성이 태양으로부터 최대 각도(g 또는 c)로 벌어져 있을 때지. 이 시기에 금성은 지구의 초저녁 서쪽 하늘이나 새벽녘 동쪽 하늘에 반달 모양으로 떠올라. 물론 금성과 지구가 이루는 각도가 달라지면 조각달 모양이 되기도 해.

금성을 '샛별'이라 부르는 이유는 새벽녘에 뜨는 '새로운 별'이기 때문이라고 해. 그런데 금성이 저녁에 뜨는 경우도 있다는 사실을 알게 되자, 사람들은 '개밥바라기'라는 이름도 붙여 주었어. '개가 저녁

48

금성 ©NASA

밥을 달라고 짖을 무렵 뜨는 별'이라는 뜻이야.

샛별이든 개밥바라기든 지구에서 금성을 볼 수 있는 시간은 길어 봤자 3시간 정도야. 해가 완전히 떠올라 환한 낮이 되거나 밤이 되어 어둠이 깊으면 금성은 더 이상 지구에서 보이지 않거든.

1년보다 더 긴 하루

금성도 수성처럼 자전 주기가 아주 길어. 지구 시간으로 225일 동안 태양 둘레를 한 바퀴 공전하고 난 뒤에도 금성의 자전은 여전히 진행 중이야. 20여 일이 더 지나 243일째가 되면 금성은 비로소 기나긴 자전을 마치고 금성 시간으로 1년(225일)보다 더 긴 자전을 끝내. 그런데 금성의 자전 방향은 지구를 비롯한 다른 행성들과 반대야. 그 때문에 금성에서는 태양이 서쪽에서 떠서 동쪽으로 지지.

금성은 왜 별보다 밝게 보일까?

자전 속도도 느리고 방향도 거꾸로인 신기한 금성. 더 신기한 것은 행성인데도 별보다 더 밝게 보인다는 사실이야. 그 이유는

64km에 이르는 두툼한 대기가 금성을 포근한 담요처럼 둘러싸고 있기 때문이지. 대기는 대부분 이산화탄소로 이루어졌고, 위쪽에는 황산 구름이 잔뜩 끼어 있어. 이 구름이 태양 빛을 반사하기 때문에 금성은 지구에서 볼 때 태양과 달 다음으로 밝은 천체지.

금성	
별은 아니지만 가장 밝은 행성	
자전 주기	약 243일
공전 주기	약 225일
중력	0.9(지구의 중력을 1로 보았을 때)
반지름	약 6,000km(지구의 약 0.9배)
표면 온도	평균 470℃

또 기압도 지구보다 92배 정도 높아. '기압'은 공기가 내리누르는 힘인데, 기압이 높다는 것은 그만큼 기체 알갱이들이 빽빽하게 모여 있다는 뜻이지. 그래서 "칼로 두부 자르듯 금성의 대기를 자를 수 있다"는 말이 있을 정도야. 만일 금성에 착륙하려는 탐사선이 있다면, 높은 기압에 눌려 음료수 캔처럼 우그러지지 않도록 조심해야 해. 황산 구름에서 내리는 산성비도 조심해야 하지. 산성이 너무 강하기 때문에 이 비를 맞는 순간 대부분의 장비는 녹아 버리게 되거든.

금성은 지구와 가깝고 크기가 비슷하기 때문에 지구의 자매 행성으로 불리기도 해. 하지만 지구인이 금성에서 살아남기는 어려워. 일단 대기가 대부분 이산화탄소로 이루어졌기 때문에 숨을 쉴 수 없고, 행성 전체에 물이 한 방울도 없거든. 만일 얼음 조각이라도 찾을 수 있다면 좋겠지만, 평균 기온이 470℃인 금성에서 그런 일은 기대하지 않는 것이 좋아.

금성에는 왜 물이 없을까?

어쩌다가 금성은 물이 한 방울도 없는 사막 행성이 되었을까? 이웃 행성인 지구만 해도 70% 이상이 바다인데 말이야. 과학자들은 이렇게 추측하고 있어.

금성은 지구보다 태양에 가깝기 때문에 그만큼 뜨거운 태양열로 데워져. 태양열은 금성을 펄펄 끓게 만들고, 더 나아가 물을 이루는 산소 알갱이들과 수소 알갱이들을 떼어 놓지. 이 중에서 수소는 아주 가볍기 때문에 태양열의 도움을 조금만 받아도 우주 공간으로 쉽게 탈출할 수 있어.

게다가 지구와 달리 행성을 보호해 주는 자기장이 거의 없는 금성에서는 태양풍이 더 큰 영향을 끼쳐서 수소 알갱이가 우주 공간으로 탈출하도록 만들지. 그 결과 금성의 대기에는 이산화탄소만 남게 돼.

이산화탄소는 태양열을 붙잡아 금성의 대기 안에 가두고 기온을 470℃까지 올려. 이것이 바로 '온실 효과'야.

금성의 온실 효과는 지구와는 비교가 안 될 정도로 커. 금성의 대기 속에 남은 것은 이산화탄소가 대부분이고, 온실 효과는 점점 더 심해지고 있지. 그러니까 금성은 물이 단 한 방울도 없는 '사막 행성'에서 벗어날 일은 없을 거야.

생명이 사는 푸른 행성, 지구

우주에서 찍은 사진 속 지구는 흰 솜뭉치가 감긴 푸른 구슬 같아. 솜뭉치는 지구 대기에 흩어진 구름이고, 그 아래 푸르게 빛나는 것은 바다지. 바다는 지구 표면의 약 71%를 차지하고 있어.

지구가 푸르게 보이는 이유

지구의 바다가 푸르게 보이는 이유는 하늘의 빛깔을 그대로 반사하기 때문이야. 그럼 하늘은 왜 파랗게 보이는 것일까? 그 이유를 알기 위해서는 태양 빛을 관찰해 볼 필요가 있어.

태양 빛이 지구로 들어올 때 일부는 대기 속 기체 알갱이들과 부딪혀 서로 영향을 끼쳐. 빛은 물결처럼 출렁이며 앞으로 곧게 나아가는

우리가 사는 지구 ©NASA

성질이 있는데, 이때 출렁임이 가장 높은 마루에서 이웃한 마루에 이르는 길이를 '파장'이라고 해. 파란색과 보라색 빛은 파장이 짧아서 마치 춤을 추듯 이곳저곳으로 흔들리며 나아가. 다른 색보다 움직임이 요란스러워서 기체 알갱이들과 더 잘 부딪히고, 그만큼 더 많이 이곳저곳으로 흩어져 우리 눈에 들어오게 되지. 이것을 '빛의 산란'이라고 해.

하지만 빨간색이나 수황색 빛은 파장이 길기 때문에 차분하게 나아가며, 기체 알갱이들과 충돌을 잘 일으키지 않아. 그 결과 햇빛이 비치는 낮 동안에는 주로 파란색과 보라색 빛이 대기 중에서 산란되어 우리 눈에 들어오기 때문에 하늘도 파랗게 보이고, 그 빛이 그대로 바닷물에 반사되어 바다도 파랗게 보이지. 지구의 3분의 2를 차지하는 바다가 파랗게 보이면, 멀리서 봤을 때 지구가 푸른 구슬처럼 보여.

지구가 자전을 멈춘다면?

지구는 둥근 공 모양이기 때문에 늘 태양 빛을 반쪽만 받아. 이때 태양 빛을 받는 쪽은 낮이 되고, 받지 않은 쪽은 밤이 돼. 그래서 우리나라가 낮일 때 지구 반대편 미국은 밤이야. 낮과 밤, 하루

는 24시간을 주기로 반복되는데, 이
것은 지구가 24시간마다 한 바퀴씩
팽이처럼 돌기 때문이야.

　지구의 자전은 낮과 밤 외에도 지
구 전체를 둘러싼 자기장을 만들어
내기도 해. 우리는 지구를 단단한 행
성이라고 생각하지만, 사실 땅속 깊
은 곳에는 암석과 금속이 아주 뜨거
운 채로 녹아 있어. 가끔 화산이 폭발
하면 땅속에 녹아 있던 용암이 솟구
쳐 흘러나오기도 하지.

　지구가 뱅글뱅글 도는 자전을 하

지구 Save Our Planet	
자전 주기	약 24시간
공전 주기	약 365일
반지름	약 6,400km
표면 온도	평균 15℃

면 땅속에 녹아 있던 용암도 움직이고, 그 안의 알갱이들도 움직이면
서 전류가 흐르게 돼. 일부 알갱이들은 전기를 띠고 있는데, 지구가 자
전하면 그에 따라 전기 알갱이들이 일정한 방향으로 흐르기 때문이야.

　앞에서도 이야기했듯이 전류 주변에는 자기장이 만들어져. 따라서
지구에 전류가 흐르면 지구 주변에도 자기장이 만들어지지. 만일 지구
가 자전을 멈추면, 자기장이 사라지면서 큰 재앙이 일어나고 말 거야.

　지구 자기장이 사라지면 무엇보다 뜨거운 태양풍을 가려 줄 방패가
사라지는 것이나 마찬가지이므로 태양풍의 위험한 방사선이 그대로
지구로 내려와 사람을 비롯해 동식물 전체를 위협하게 되지.

　또 금성에서처럼 태양풍이 수증기 속의 수소나 산소를 우주 공간으

로 날려 버리면 지구는 생명이 살아가기 어려운 곳이 될 거야.

계절에 따라 먼 거리를 이동하는 동물들은 대부분 신경계에 자성체를 가지고 있어. 그 덕에 지구 자기장의 신호를 읽어 방향을 찾아. 그런데 지구의 자기장이 사라져 몸속 나침반을 쓸 수 없게 되면 새나 물고기 떼는 엉뚱한 방향으로 이동해 먹이를 찾지 못해 굶어 죽거나 적의 공격으로 죽게 되겠지. 대규모 동물의 죽음은 결국 지구 생태계를 무너뜨려 인간의 삶마저 위협하게 될 거야. 따라서 우리는 지구가 단 하루도 자전을 멈추지 않고 움직이는 것을 다행으로 여겨야 해.

북반구와 남반구는 왜 계절이 반대일까?

낮과 밤의 변화가 지구의 자전 때문에 생기는 것이라면 계절의 변화는 지구의 공전 때문에 일어나. 좀 더 정확히 말하면, 지구 자전축이 기울어져 있기 때문에 공전할 때 계절의 변화가 생겨. 자전축이란 지구가 자전할 때 중심이 되는 축이야. 팽이가 돌아갈 때 중심이 되는 회전축과 비슷하지.

지구의 자전축은 그림과 같이 공전 궤도를 기준으로 볼 때 약 23.5° 기울어져 있어. 7월에는 북반구가 태양 쪽으로 기울어져 있기 때문에 북반구는 여름이지만, 남반구는 겨울이야. 북반구에 있는 우리나라가 여름일 때 남반구에 있는 호주는 겨울이지. 그런데 6개월 후인 1월이 되면, 남반구가 태양 쪽으로 기울어져 여름이 되고, 반대로 북반구는 겨울이 돼.

생명체를 품은 지구

지구는 태양과 적당히 떨어져 있어서 생명체가 살아가기에 너무 덥지도, 너무 춥지도 않아. 이런 거리는 물이 액체 상태로 있기에 적합한 조건이기도 해. 물은 생명을 이어 가는 데 꼭 필요한 요소야. 사람만 해도 물을 먹지 않고는 3일 이상 버티기 어렵잖아.

게다가 지구의 대기에는 생명체가 숨 쉬는 데 필요한 산소도 풍부하고, 기후도 안정된 편이야. 또 지구를 둘러싼 대기가 태양열을 적절하게 막아 평균 기온을 15℃ 정도로 유지해 줘.

지구에 생명체가 살아가는 데 도움을 주는 요소 중에는 활발한 지각 활동도 있어. '지각'이란 지구의 표면을 이루는 단단한 암석이야. 우리 눈에는 지각이 아주 두꺼워 보이지만, 지구 전체를 놓고 보면 결코 그렇지 않아. 지구가 한 알의 오렌지라면, 지각은 오렌지 껍질만큼도 안 될 정도로 얇지. 게다가 지각은 몇 개의 조각으로 나뉘어 맨틀 위를 아주 느리게 떠다니는 중이야. 맨틀은 지각 아래에서 움직이는 아주 두꺼운 암석층인데, 온도가 높고 액체처럼 흐르기도 해.

지각들이 부딪히면 지진이 나기도 하고 화산이 폭발하기도 하지. 이 때문에 지구에는 산, 계곡, 바다, 분지 같은 여러 지형이 생겨났고, 화산이 폭발할 때마다 지구 내부에 있던 기체와 다양한 광물이 쏟아져 나와 생명체가 살아가는 데 꼭 필요한 영양소가 되고 있어. 특히 화산에서 나온 물질이 많이 쌓인 토양은 영양소가 풍부해 농사짓기에 좋지.

지구는 지금까지 이야기한 많은 행운 덕분에 태양계에서 유일하게 다양한 생명체가 살 수 있는 행성이 되었어.

지구의 가장 가까운 이웃, 달

달은 지구와 가장 가까운 천체로, 약 38만 5,000km 떨어져 있어. 달이 환하게 빛나는 이유는 태양처럼 스스로 빛을 내서가 아니라, 태양 빛을 받아 지구 쪽으로 반사하기 때문이야. 반사하는 위치에 따라 달의 모양은 눈썹처럼 가는 초승달이 되기도 하고, 둥근 보름달이 되기도 해.

달은 워낙 지구와 가까운 거리에 있고, 위성치고는 크기 때문에 낮에도 종종 볼 수 있어. 환한 대낮에 가로등을 켜면 멀리서는 불빛을 볼 수 없지만, 바로 밑에 있는 사람은 볼 수 있는 것과 같은 이치야. 달이 가로등이라면, 지구인은 바로 그 밑에 있는 사람인 셈이지.

1969년 최초로 달에 착륙한 인류가 본 모습은 잿빛 먼지로 뒤덮인 바위투성이 땅뿐이었어. 마실 물도, 숨 쉴 공기도 없었지. 공기가 없으니 바람 한 점 불지 않았고, 태양 빛이 공기 알갱이에 부딪혀 흩어지지 않으니 하늘은 항상 검게 보였어. 낮에도 하늘이 검게 보이면 어떻게 밤낮을 구분하느냐고? 그건 걱정하지 않아도 돼. 달에는 대기가 거의 없기 때문에 낮에는 뜨거운 태양열을 그대로 받아 기온이 100℃가 넘고, 밤에는 태양열이 하나도 남지 않아 기온이 영하 170℃ 이하로 떨어져. 하늘이 하루 종일 어둡더라도 이처럼 기온 변화가 심하니 낮인지 밤인지를 저절로 알 수밖에 없지.

달은 자전 주기와 공전 주기가 같아. 즉, 달이 제자리에서 한 바퀴 도는 데 걸리는 시간이나 지구 주위를 한 바퀴 돌아 원래 자리로 돌아오는 데 걸리는 시간이 모두 27.3일이지. 그래서 지구에서는 항상 달의

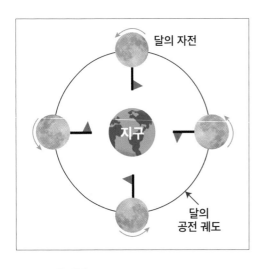

지구에서는 한 면만 보이는 달

같은 면밖에 볼 수 없어.

우리에게 보이는 쪽의 달(앞면)과 보이지 않는 쪽의 달(뒷면)은 겉모습이 크게 달라. 최근 우주 탐사선이 찍어 보낸 사진을 보면, '달의 바다'라 불리는 짙은 검은색 들판은 대부분 앞면에만 있어. 달의 앞면에서는 많은 화산 폭발이 일어났고, 그때 흘러나온 용암이 식으면서 검은 들판을 이루었다고 해.

달의 뒷면에는 우주 공간에서 날아온 천체들과 충돌해 움푹 파인 크레이터들로 가득해. 그 모습이 궁금하다면, 앞쪽에서 수성과 나란히 비교했던 달 사진을 다시 찾아보길!

달에 착륙했던 우주 비행사들은 월석을 지구로 가져왔어. 과학자들은 월석을 분석해 지구의 암석과 거의 같은 물질로 이루어졌다는 사실을 알아냈지. 이 덕분에 달은 약 45억 년 전 지구가 탄생할 때 어떤 충격으로 떨어져 나간 암석 덩어리들이 뭉쳐진 것이라는 가설이 힘을 얻게 되었어. '가설'이란 어떤 사실을 설명하기 위해 임시로 정해 놓은 거야. 관찰이나 실험을 통해 이 가설이 맞다고 증명되면, 누구나 인정하는 '진리'가 되지.

이 가설에 따르면, 당시 지구는 화성만 한 크기의 천체와 충돌했고 그 충격으로 지구에서 많은 암석과 먼지 덩어리들이 떨어서 나왔지만, 멀리 가지는 못하고 지구에 다시 붙들리고 말았어. 자신보다 훨씬 질량이 큰 지구가 끌어당기는 힘을 벗어나지 못하고 그 둘레를 돌게 된 거야. 이때만 해도 암석과 먼지는 뜨겁고 흐물거리는 상태였기 때문에

지구의 위성 달 ⓒNASA

서로 재빨리 뭉쳐져 달이 되었지. 현재 달은 안정적인 거리에서 지구 궤도를 돌고 있고, 달 표면 곳곳에는 태양계가 이루어질 때의 흔적이 아직도 남아 있어.

2장 태양계의 식구들

우주의 신대륙,
화성

화성은 지구에서 볼 때 태양을 제외하고 달, 금성, 목성 다음으로 밝은 천체 중 하나야. 지구에 가장 가깝게 접근할 때 화성은 붉은 핏빛을 띠며 밤하늘을 으스스하게 만들어. 옛사람들은 화성의 붉은빛을 보며 전쟁을 떠올렸다고 해. 전쟁이 일어나면 많은 사람들이 피 흘리며 죽어 가기 때문이지. 고대 유럽을 지배한 로마 사람들은 아예 화성을 전쟁의 신처럼 떠받들며 '마르스'라고 불렀어. 마르스는 로마 신화 속 전쟁 신의 이름이야.

오른쪽 그림과 같이 지구를 중심으로 화성과 태양이 정반대 편에 있을 때 지구와 화성의 거리는 가장 가까워. 이때는 화성이 평소보다 3배 정도는 커 보여. 망원경이 있다면 화성을 관측하기에 좋을 시기지.

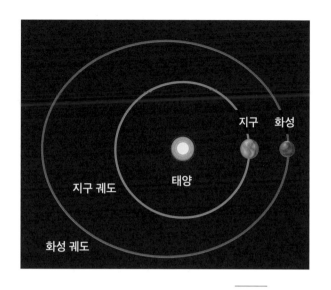

지구와 화성이 가장 가까울 때

화성이 붉게 보이는 이유

화성이 붉은색으로 보이는 이유는 지표면이 녹슨 철가루로 덮여 있기 때문이야. 화성 표면에는 철이 많은데, 대부분 대기 중 산소와 만나 녹이 슬었어. 녹이란 철이 산소와 결합하면서 생겨난 것이거든.

화성을 개척하려는 사람들은 풍부한 철에 주목하고 있어. 철은 도시를 건설하거나 도구를 만들 때 꼭 필요한 광물이야. 화성의 철은 미래에 인류가 화성 식민지를 건설할 때 큰 도움이 될지도 몰라. 물론 화성의 철을 지구로 실어 와 사용할 수도 있겠지. 하지만 그 전에 태양, 지

2장 태양계의 식구들

구, 화성이 어떤 위치에 있는지부터 살펴야 해. 지구와 화성이 가장 가까이 있을 때와 가장 멀리 있을 때의 거리는 무려 7배나 차이가 나. 게다가 화성의 공전 주기가 지구보다 2배 정도 길기 때문에 지구와 멀어졌다가 다시 가까이로 오려면 거의 2년을 기다려야 하지.

화성 식민지는 가능할까?

사람들이 화성 식민지에 열광하는 이유는 단지 지구에서 가깝기 때문만은 아니야. 지구와 화성은 닮은 점이 많아. 둘 다 암석으로 이루어진 단단한 행성이고, 자전축이 적당히 기울어져 사계절이 있어. 다만 화성은 지구보다 태양 주위를 도는 궤도가 더 길기 때문에 1년이 약 687일이야. 그 결과 봄, 여름, 가을, 겨울도 지구보다 약 2배 더 길지.

사실 현재 화성은 사람이 살아가기에 좋은 환경은 아니야. 일단 대기층이 얇고, 대기의 대부분이 이산화탄소로 이루어졌어. 그 외에 질소, 아르곤, 산소, 수증기, 일산화탄소 등이 조금 섞여 있기는 하지만 양이 아주 적어. 화성 대기의 양은 지구의 100분의 1에 지나지 않는다고 해. 따라서 지구인이 화

화성
생명체가 살 수 있을까?

자전 주기	24시간 37분
공전 주기	약 687일
중력	0.38(지구의 중력을 1로 보았을 때)
반지름	약 3,396km(지구의 절반 정도 크기)
표면 온도	-140~30℃

성 땅 위를 걸어 다니려면, 숨 쉴 수 있는 공기와 적절한 기압을 유지시켜 주는 우주복을 입어야 해. 물론 이 우주복은 우리 몸을 화성의 극심한 일교차에서도 지켜 줄 수 있어야겠지. 화성의 낮 기온은 30℃ 정도지만, 밤이 되면 점점 떨어져 영하 140℃까지 내려가.

태양계가 만들어진 초기에는 화성도 자기장에 둘러싸여 있었어. 화성에서 가장 오래된 암석에는 한때 강력한 자기장이 있었다는 증거가 남아 있지. 당시 이 자기장은 태양풍을 막아 주고 대기 중 산소와 수소가 우주 공간으로 날아가지 못하게 붙들어 물을 만들었을 거야. 그러니까 몇십억 년 전 화성은 물과 산소가 풍부해 사람이 살기에 좋은 곳이었을지도 몰라.

그렇다면 화성은 어쩌다가 자기장이라는 보호막을 잃어버리게 되었을까? 화성도 몇십억 년 전에는 자전할 때 내부의 뜨거운 금속 액체가 움직여 전류를 만들어 냈어. 그리고 흐르는 전류 때문에 행성 전체를 감싸는 자기장도 생겨났지. 지금의 지구와 비슷했다고 보면 돼. 하지만 태양계 초기의 열기가 사라지자 화성은 빨리 식었고, 뜨거운 액체로 녹아 있던 금속도 점점 굳어 갔지. 그러자 금속 안에서 전류를 만드는 활동이 멈추었고, 화성 주위를 감싸던 자기장도 사라지게 되었어. 자기장이 사라지자 화성의 대기 속 산소와 수소는 우주 공간으로 날아가 버렸고, 산소와 수소로 이루어진 물도 사라진 거야.

하지만 태양계에서 화성만큼 지구와 비슷한 행성도 없어. 자전축이 25° 기울어져 있고, 자전 주기가 24시간 37분이어서 낮과 밤이 바뀌는 주기도 비슷해. 사계절이 변하는 흐름도 같아. 만일 지구에 큰 재앙이 닥쳐 인류가 다른 행성으로 이주해야 한다면, 가까운 화성만큼 적절한 곳도 없어. 현재 화성에서는 얼음 형태의 물이 발견되어 인간이 살아갈 수 있는 제2의 지구가 될 가능성이 조금 더 높아졌어.

지구를 닮은 행성

화성에는 큰비가 거의 내리지 않고, 땅 위를 흐르는 물도 없기 때문에 지표면이 바짝 말라 있어. 그래서 폭풍이 불면 순식간에 붉은 먼지가 구름처럼 일어나 모든 것을 뒤덮어. 하지만 몇 달 후 먼지가 걷히면 화성의 뼈대가 드러나지. 높이 치솟은 산의 능선과 날카롭게 팬 깊은 협곡에는 나무 한 그루, 풀 한 포기 자라지 않아 삭막하기 그지없지만 산도 있고, 사막도 있고, 북반구와 남반구의 모습이 많이 다른 것도 지구와 닮았어.

화성의 남극과 북극에는 1년 내내 녹지 않는 만년설이 있어. 지구와 차이가 있다면 화성의 만년설은 물이 얼어서 된 것이 아니라, 주로 이산화탄소가 얼어붙은 거야. 아이스크림을 포장할 때 녹지 말라고 함께 넣어 주는 드라이아이스와 같아.

화성의 북반구에서 가장 눈에 띄는 것은 올림푸스산이야. 이 산은 화산 폭발로 생겨난 것으로 보여. 지구에서 가장 높은 에베레스트산보다 2.5배나 높지. 산꼭대기 분화구 크기만 해도 거대한 도시 하나가 통째로 들어갈 수 있을 정도라고 해.

화성의 적도를 따라가면, '매리너 협곡'이 보여. 예전에 물이 흘렀

을 것으로 보이는 이 협곡은 미국의 그랜드캐니언보다도 훨씬 규모가
커. 폭이 600km이고, 길이가 미국 땅 전체의 폭과 맞먹는 4,500km 정
도야. 화성은 지구보다 훨씬 작지만 생김새는 훨씬 우락부락하고 거
친 행성이야.

화성에는 생명체가 살았을까?

화성의 남반구에 있는 '에리다니아 분지'는 약 37억 년 전
쯤에는 바다였을 것이라고 해. 그 시기에 지구에서는 생명이 처음으
로 나타나기 시작했지. 당시 화성의 환경이 지구와 아주 비슷했기 때
문에, 이때 화성에도 생명체가 나타나지 않았을까 추측하고 있어. 이
런 추측이 가능해진 것은 화성 궤도를 도는 탐사선이 보내 준 자료 때
문이야. 탐사선이 찍은 사진에는 에
리다니아 분지 밑바닥의 진흙이 보
였어. 진흙은 과거에 이곳에 물이 많
았다는 증거지.

물은 생명체가 살아가려면 꼭 필요
해. 하지만 현재 화성에서는 얇은 대
기 때문에 액체 상태의 물이 표면에
남아 있지 못하고 우주 공간으로 날
아가고 말아. 그런데 극지방의 얼음
이나 에리다니아 분지 밑바닥에서는

화성 ©NASA

2장 태양계의 식구들

물의 흔적이 발견되고 있지.

2018년 유럽우주국의 마스 익스프레스 궤도선은 남극 지역의 물에서 반사되는 주파수를 잡아냈어. 과학자들은 이 자료와 다른 자료들을 컴퓨터로 분식한 뒤, 화성의 남극 땅속으로 1.5km 정도 내려가면 폭이 20km에 이르는 커다란 호수가 있을 것이라고 결론 내렸어.

화성 표면에 물이 흐른 흔적이 발견되고 있는 것도 이런 물이 땅 위로 솟구쳐 나와 흘렀기 때문일 거야. 화성의 거대한 협곡이나 퇴적암도 과거에 물이 흘렀다는 증거 중 하나야. 물이 흐르면서 땅을 깎아 내고 흙을 실어 나르지 않으면 생겨날 수 없는 지형이거든. 과학자들은 이곳에서 물이 흘렀던 시절에 살았을 고대 생명체의 흔적을 찾을 수 있지 않을까 기대하고 있어.

화성의 또 한 가지 신기한 사실은 생명체의 활동으로 만들어지는 메테인(메탄) 가스가 일정한 간격을 두고 엄청나게 발생한다는 거야. 탐사 로봇들은 메테인 가스를 방출하는 미생물을 찾아내려 하고 있어.

화성에 불들린 위성, 포보스와 데이모스

19세기 프랑스 천문학자인 위르뱅 르베리에는 화성의 운동이 불규칙한 이유를 연구하다가 화성 주변에 위성이 있기 때문일 거라고 추측했어. 그는 화성에 위성이 하나 이상 있고, 화성과 서로 중력으로 영향을 끼치고 있다고 보았지.

1877년에 미국 천문학자인 아사프 홀은 르베리에의 추측을 바탕으로 망원경으로 관측하다가 실제로 화성의 위성 2개를 찾아냈어. 그는 두 위성에 어떤 이름을 붙여 줄까 고민하다가 화성의 이름이 마르스라는 데서 힌트를 얻었어. 로마 신화에서 전쟁의 신 마르스는 늘 두 아들 포보스와 데이모스를 데리고 싸움에 나섰거든. 홀은 화성의 위성에게 각각 포보스와 데이모스라는 이름을 붙였지.

위성 포보스와 데이모스가 생겨난 이유에 대해서는 여러 가지 추측이 있어. 화성이 포보스와 데이모스와 비슷한 크기의 수많은 천체들을 위성으로 거느리고 있었는데, 긴 시간이 지나면서 결국 두 위성만 남았다는 거야. 또 화성이 주변 천체와 충돌하는 과정에서 포보스와 데이모스가 떨어져 나왔다는 의견도 있어.

하지만 지금 가장 큰 지지를 받고 있는 가설은 우주 공간을 떠다니던 작은 천체들이 화성의 중력에 붙들려 그 주위를 도는 위성이 되었다는 거야. 이 가설에 따르면, 두 위성은 원래 화성에서 좀 더 멀리 떨어져 태양 둘레를 공전하고 있었어. 이때까지만 해도 화성과 전혀 관련 없는 작은 천체였지. 그런데 어느 날 이 작은 천체들이 나아가는 길이 목성이 공전하는 길과 겹치면서 충돌이 일어났어. 그 충격으로 두 천체는 화성 근처로 튕겨져 나갔고, 결국 화성의 중력에 붙들려 화성 주위를 도는 위성, 포보스와 데이모스가 되고 말았다는 거지.

두 위성 중 포보스는 지금도 화성의 중력에 끌려 100년마다 1.8m씩 가까워지고 있다고 해. 과학자들은 포보스가 약 5천만 년 후에는 화성의 대기권에 충돌해 불타 버리는 최후를 맞으리라 예상하고 있어.

태양을 넘보는 거인 행성, 목성

목성은 태양계의 행성 중에서 가장 커. 태양계 모든 행성이 목성 안에 다 들어갈 정도야. 우주 공간에서 목성을 오래 관찰하면 신기한 현상을 볼 수 있어. 목성에서 나온 긴 자기장 꼬리가 토성의 궤도까지 뻗어 나가거든.

물론 자기장 꼬리를 맨눈으로 볼 수 있는 것은 아니야. 과학자들은 자기장을 감지하는 특수 장비로 이 장면을 관찰했어. 목성의 자기장은 전기를 띤 아주 작은 알갱이들로 이루어졌고, 이 알갱이들이 목성의 자기장을 따라 막대자석 주위의 철가루들처럼 길게 꼬리를 그리며 늘어선 것이지.

빠른 자전 속도와 강력한 자기장

목성은 거대한 가스 행성이야. 대부분이 기체로 있지. 그 중 수소가 70%가 넘는 비중을 차지하고 있어. 그래서 목성에는 우주 탐사선이 착륙할 수 없어. 만일 목성으로 탐험을 떠난 우주 비행사가 있다면 구름 속을 끝없이 지나는 느낌이 들 거야.

그래도 목성의 땅을 찾아 계속 내려간다면, 내부의 뜨거운 열과 압력 때문에 흐물흐물 녹아 버릴 거야. 목성의 중심으로 들어갈수록 중력이 세지고 열과 압력이 높아지니까. 얼마나 뜨겁게 짓눌렸는지 목성 안쪽에서는 수소가 액체와 비슷한 상태로 있다고 해. 이런 수소는 금속처럼 전기가 잘 통하기 때문에 '금속 수소'라고도 불러. 금속 수소가 빠르게 흘러다니며 움직일수록 많은 전류가 흐르고, 주위에는 그만큼 큰 자기장이 생겨나지.

목성의 자전 주기는 9시간 56분이야. 즉, 대략 10시간마다 제자리에서 한 바퀴를 돈다는 뜻이지. 목성은 자전 속도가 빨라 내부의 금속 수소도 빨리 움직이고, 그만큼 자기장도 커.

목성의 또 다른 신기한 특징은 지역에 따라 자전 속도가 달라진다는 사실이야. 적도 지역이 극지방보다 더 빠르게 자전하기 때문에 하루의 길이

목성
강력한 자성을 띤 변화무쌍 가스 행성

자전 주기	약 9시간 56분
공전 주기	약 11.86년
중력	2.5(지구의 중력을 1로 보았을 때)
반지름	약 7만 km(지구의 약 11.2배)
표면 온도	평균 -145℃

허블망원경이 찍은 목성 ©NASA

도 더 짧아. 지구로 치자면, 북극 근처에서는 하루가 지나려면 24시간 걸리는데, 적도 위에 놓인 인도네시아에서는 20시간 걸리는 것과 같아.

같은 행성 안에서 이처럼 자전 속도가 다른 이유는 여러 가지로 추측되고 있어. 그중 하나는 목성 내부의 금속 수소가 지역마다 다른 속도로 움직이기 때문이라는 거지. 그래서 멀리서 찍은 목성 사진을 보면, 대기 중 기체가 지역에 따라 반대 방향으로 흐르면서 줄무늬를 만들고 있어.

너무 빠른 자전 때문에 목성의 대기는 하루도 조용할 날이 없어. 서로 반대 방향으로 흐르는 기체들이 충돌하면서 번쩍이는 번개와 폭풍을 끊임없이 일으키거든. 특히 목성의 남반구에서는 거대한 고기압 폭풍이 시계 반대 방향으로 회전하고 있어. 우주 공간에서 보면 이 폭풍은 아주 커다란 붉은 점처럼 보이지. 그래서 '커다란 붉은 점'을 뜻 그대로 '대적점' 혹은 '대적반'이라고 해. 목성의 배꼽이라는 별명을 가진 대적점은 지금까지 무려 300년 이상 계속 불고 있는 폭풍이야.

어마어마한 에너지를 만드는 행성

목성은 가운데가 액체에 가까운 상태이고, 그 주변을 기체가 둘러싸고 있는 공 모양인데 위아래가 살짝 눌려 있지. 가장 중심부에 있는 핵은 암석, 금속, 수소 화합물들이 섞여서 뭉쳐 있을 가능성이 크다고 해.

목성은 토성처럼 고리를 가지고 있지만, 아주 가늘어 지구에서는 보이지 않아. 목성의 고리는 작은 알갱이들과 미세한 암석 조각들로 이루어져 있어. 목성 주위를 도는 작은 위성들이 충돌하면서 만들어진 것으로 보여.

목성을 둘러싼 구름 꼭대기는 평균 온도가 영하 145℃ 정도야. 기체도 꽁꽁 얼어붙을 정도로 춥지. 하지만 중심부의 핵은 24,700℃나 돼. 목성이 이토록 큰 열을 낼 수 있는 이유는 태양으로부터 받는 에너지보다 2배나 더 큰 에너지를 스스로 만들 수 있기 때문이지.

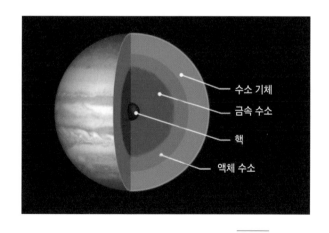

수소 기체
금속 수소
핵
액체 수소

목성의 내부 구조

2장 태양계의 식구들

갈릴레이 위성들

거대한 기체 행성인 목성은 95개가 넘는 위성을 거느리고 있어. 목성을 중심으로 한 그 주변이 '작은 태양계'라 불릴 만하지. 이 작은 태양계를 처음으로 발견한 사람은 이탈리아의 천문학자인 갈릴레오 갈릴레이야.

1610년 갈릴레이는 밤하늘을 관측하다가 별 4개를 발견했어. 이것은 수십 개에 이르는 목성의 위성 중에서 가장 큰 것들이었지. 그는 오랫동안 자신을 후원해 준 메디치가의 이름을 붙여서 이 위성들을 '메디치의 별'이라고 불렀어.

하지만 이 별들이 목성 주위를 도는 위성임이 밝혀지자, 새로운 이름이 붙게 되었어. 목성은 영어로 '주피터'야. 주피터는 그리스 로마 신화 속 신들의 왕 제우스의 또 다른 이름이지. 주피터는 주변의 아름다운 여인과 청년들을 자기 곁에 두려고 쫓아다녔어. 이런 이유 때문에 갈릴레이가 발견한 목성의 위성들에게도 주피터가 쫓아다닌 인물들의 이름이 붙었어. 바로 이오, 유로파, 가니메데, 칼리스토 위성이지.

이오는 목성의 가장 큰 위성 4개 중 가장 안쪽에 있어. 크기가 달보다 조금 큰 이오에서는 강렬한 화산 활동이 계속 일어나는 중이고, 화산만 150개가 넘어. 이오의 활화산에서는 유황과 용암을 계속 뿜고 있기 때문에, 위성 전체가 붉고 노랗게 보여.

유로파는 이오보다 목성에서 멀리 있기 때문에 중력이 덜 작용해. 그만큼 유로파 내부가 받는 힘도 약해져 충돌이 덜 일어나고 온도도 덜 올라가. 그래서인지 유로파의 표면은 매끄러운 얼음이야. 주로 물이 언 것이지만, 황산이나 염분도 섞여 있을 것으로 추측돼. 현재 과학자들은 얼음으로 된 유로파의 지각 아래에 너른 바다가 있을 것이라고 믿고 있어. 수심이 최고 100km에 이르며, 생명체가 탄생할 만큼 따뜻한 바다를 기대하고 있지. 태양계에서 지구를 제외하고 이토록 물이 많은 곳은 드물기 때문에 우주 탐사 로봇을 투입하면 외계 생명체의 흔적을 찾게 될지도 몰라.

가니메데는 태양계에서 가장 큰 위성이야. 행성인 수성보다 더 크며, 자기장이 감싸고 있는 유일한 위성이기도 해. 가니메데 둘레에 자기장이 있는 이유는 위성의 중심부에 단단한 금속 핵이 있고, 핵의 일부가 녹아 움직이며 전류를 만들기 때문이야. 가니메데의 표면은 얼룩덜룩한데, 오랫동안 얼어붙어 있던 곳은 어둡게 보이고, 운석과 충돌해 파이면서 새롭게 얼음이 드러난 곳은 하얗게 보이지.

칼리스토는 태양계에서 세 번째로 큰 위성이야. 가니메데처럼 내부에서 움직이는 액체 상태의 금속이 없기 때문에, 위성 둘레를 감싸는 자기장도 없어. 칼리스토의 표면에는 크레이터가 정말 많은데, 대부분 운석 충돌로 생긴 것들이야. 태양계가 생겨나던 초기에 칼리스토에서는 강렬한 운석 충돌이 많이 일어났어. 이때 생긴 충돌 크레이터들은 지금까지 잘 보존되어 있지.

육각형 폭풍이 부는 고리 행성,
토성

토성은 목성에 이어 태양계에서 두 번째로 큰 행성이야. 지구에서 맨눈으로도 볼 수 있는 행성 중 가장 멀리 있어. 행성 둘레에 아름다운 고리가 있고, 많은 위성을 거느린 것으로도 유명해. 현재까지 발견된 토성의 위성은 모두 140개가 넘어. 95% 이상이 수소로 이루어진 토성은 너무 가벼워 물에 넣으면 공처럼 둥둥 뜰 거야. 목성처럼 뚜렷하지는 않지만, 표면에는 줄무늬도 있어.

귀가 달렸나? 손잡이가 달렸나?

1610년대 이탈리아의 천문학자 갈릴레오 갈릴레이는 망원경을 개량해 밤하늘에서 많은 것을 관측했어. 앞에서 이야기했듯이 목성의 위성 4개를 찾아냈고, 맨눈으로 관찰할 때는 보이지 않던 토성의 고리도 발견했지.

처음 토성의 고리를 발견한 길릴레이는 이렇게 말했어.

"토성에 귀가 달렸군."

당시 망원경 성능이 별로 좋지 않았기 때문에, 토성의 양옆에 튀어나온 고리가 둥근 얼굴에 달린 귀처럼 보였던 거야. 하지만 다른 천문학자들은 다르게 말했어.

"토성에 찻잔처럼 손잡이가 달린 것 같은데?"

토성	
커다란 고리의 비밀	
자전 주기	약 10시간 33분
공전 주기	약 29.37년
중력	약 1.04(지구의 중력을 1로 보았을 때)
반지름	약 58,232km
표면 온도	평균 -178℃

갈릴레이는 귀처럼 생겼든 손잡이처럼 생겼든 자신이 토성의 위성을 발견한 것이라 믿었어. 토성을 반지처럼 두르고 있는 고리일 것이라고는 상상도 못했지.

1659년이 되자, 네덜란드의 수학자이자 과학자인 크리스티안 하위헌스가 직접 만든 망원경으로 관측한 뒤 토성에 대해 자신만의 새로운 연구 결과를 발표했어. 간략히 요약하면 다음과 같아.

"토성의 모양이 좀 특이했습니다. 평평한 고리 같은 것이 이 행성을 둘러싸고 있는 것이 분명합니다."

하위헌스는 처음으로 고리가 토성을 둘러싸고 있다는 사실을 알아냈

토성 ©NASA

지만, 이 고리가 무엇으로 어떻게 이루어졌는지는 몰랐어. 이후 100여 년이 더 흘러 우주 탐사선이 토성에 도달한 뒤에야 고리의 비밀이 하나씩 밝혀지기 시작했지.

1979년 토성을 지나간 파이어니어 11호는 고리에서 반사된 빛을 분석했어. 그 결과에 따르면, 토성의 고리는 주로 얼음 알갱이와 바위 조각들로 이루어졌고, 아주 작은 먼지도 섞여 있었지.

이후 여러 우주 탐사선이 토성의 고리를 관측했고, 최근에는 카시니-하위헌스 우주 탐사선이 2004년부터 2017년까지 토성 궤도를 돌면서 토성의 고리는 여러 개이고, 고리와 고리 사이에는 빈 공간이 있다는 사실을 밝혔어.

현재 과학자들은 오랜 옛날 토성과 다른 천체들(혜성이나 위성)의 충돌에서 토성의 고리가 생겨났을 것이라고 추측하고 있어. 즉, 충돌 때 부서져 나온 암석, 얼음 덩어리, 먼지 등이 토성과 주변 위성들의 중력에 붙들려 토성 둘레를 돌고 있는 거지.

토성뿐만 아니라 목성, 천왕성, 해왕성처럼 기체로 이루어진 거대 행성들은 대부분 고리를 가지고 있어. 하지만 토성의 고리에 비해 훨씬 작고 희미해.

축축하게 젖어도 불꽃이 튀는 행성

토성도 목성처럼 땅이 없어. 대기는 대부분 수소로 이루어졌는데, 질척질척한 액체에 가깝지. 대기가 기체 상태인 지구에서 단단한 지표면을 딛고 서 있는 우리로서는 상상하기 어려운 일이야.

토성의 대기는 평균 기온이 영하 178℃인데, 너무 춥기 때문에 기체가 응축되기 쉬워. 기체는 응축이라는 과정을 통해 액체가 될 수 있어. '응축'은 기체가 열에너지를 잃고 액체가 되는 현상이야. 토성의 기온이 너무 낮다 보니 대기의 대부분을 차지하는 수소와 헬륨 알갱이들이 열에너지를 잃게 돼. 그리고 중심부 가까이로 내려갈수록 끌어당기는 힘을 받아 응축하면서 액체 상태에 가까워지지.

토성의 대기 중 가장 윗부분에는 안개구름이 무겁게 끼어 있어. 이 구름은 대부분 암모니아 알갱이라서 노란빛을 띠지. 암모니아는 우리의 소변에도 많이 들어 있는 물질이야.

토성의 적도는 행성을 둘러싼 고리와 가깝기 때문에 하늘이 하루도 조용할 날이 없어. 고리를 이루는 얼음 알갱이와 먼지 중 일부가 쏟아져 내리며 대기와 마찰을 일으키거든.

우리가 가장 쉽게 경험할 수 있는 마찰열은 손 시릴 때 두 손바닥을 빠르게 비벼 따뜻함을 느낄 때야. 두 물체가 서로 마찰하면 서로의 운동을 방해하려는 힘이 작용해. 마찰열은 이런 힘이 만들어 내는 열이지. 두 물체가 서로 열심히 부딪히면서 생겨난 보이지 않는 에너지라 할 수 있어.

행성의 대기 안으로 무언가 날아들면, 그 물체는 공기 알갱이와 마찰을 일으키고, 누르면서 열이 발생해. 그리고 이때 발생한 마찰열 때문에 불꽃이 튈 수 있지만, 이 불꽃은 잘 보이지 않아. 무언가 탈 때 불꽃이 환하게 빛나려면 지구처럼 산소가 있어야 해. 토성으로 여행을 가게 된다면 하늘에서 밤새도록 뭔가 타고 있는데 불꽃은 보이지 않는 신기한 경험을 하게 될 거야.

시계추처럼 진동하는 자전축

토성은 10시간 33분마다 자전을 하고, 자전축은 지구보다 조금 더 많이 기울어져 있어. 기울기가 일정하지 않고 계속 변하면서 약 22~27° 사이를 오가며 시계추처럼 움직여.

토성의 자전축이 이처럼 오락가락하는 이유는 아직 정확히 밝혀지지 않았어. 과학자들은 대략 두 가지로 추측해.

첫째는 토성이 위성들과 서로 영향을 끼치며 밀고 당기기 때문이야. 원래 모든 행성들은 자신의 중력으로 주변 위성들을 끌어당기지만, 위성들도 끌려가지 않으려고 팽팽한 줄다리기를 해. 토성은 워낙 많은 위성을 거느리고 있기 때문에, 이런 줄다리기에서 살짝 밀리기도 하고 당기기도 해. 그때마다 자전축이 흔들리며 기울기가 변할 수 있다는 거지.

두 번째는 토성이 빠른 속도로 자전할 때마다 내부에서 물질이 움직이기 때문이야. 어떤 이유로 이 움직임이 커지면 토성 자전축의 주변 환경도 달라지고, 그에 따라 기울기가 변할 수 있다는 거지.

목성과 닮은 내부

토성의 내부는 목성과 많이 닮았어. 대기의 꼭대기에는 구름층이 있고, 그 아래에는 수소와 헬륨 기체가 있어. 기체가 두껍게 쌓이다 보면 아래로 내리누르는 힘이 세져. 기체 상태에서 수소 알갱이들은 마치 운동장에서 자유롭게 뛰어다니는 아이들처럼 서로 멀리 떨어져 있어. 하지만 내리누르는 힘, 즉 압력이 세지면 수소 알갱이들은 서로 모이며 끌어당기게 돼. 이렇게 서로의 끌림이 강해지면, 기체였던 수소는 액체 상태에 가까워지다가 나중에는 전류가 흐르는 금속 수소가 돼.

지구와 달리 토성의 날씨는 태양 에너지의 영향을 크게 받지 않아. 태양에서 너무 멀리 떨

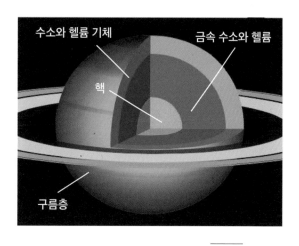

토성의 내부 구조

2장 태양계의 식구들

토성의 육각형 폭풍 ©NASA

어져 있기 때문에 태양보다는 토성 내부에서 올라오는 열에너지의 영향을 받지.

토성 내부에서는 원자폭탄의 재료가 되는 우라늄 같은 알갱이들이 계속 폭발적인 에너지를 만들어 내고 있어. 우라늄처럼 불안한 상태에 있는 알갱이들은 '알파 입자'란 것을 내놓고 안정된 상태가 되려고 해. 방출된 알파 입자는 다른 알갱이들과 부딪치면서 열을 만들어. 그 결과 토성 내부 깊숙한 곳에서는 날마다 어마어마하게 많은 원자폭탄이 터지게 돼. 이것이 바로 토성이 태양에서 멀리 떨어져 있는데도 대기의 움직임이 활발한 이유야.

카시니 탐사선이 보낸 자료에 따르면, 토성에서는 지구에서보다 1만 배나 강하게 번개가 내리치고 있어. 그리고 언제부터 불기 시작했는지 알 수 없는 육각형 폭풍도 발견되었지. 이 폭풍은 사방으로 약 3만 km에 걸쳐 시간당 약 500km 속력으로 지금도 불고 있다고 해. 왜 육각형 모양인지는 앞으로 과학자들이 풀어야 할 수수께끼 중 하나야.

토성의 위성들

토성의 위성은 140개가 넘어. 위성들은 토성 둘레의 고리보다 안쪽에 있기도 하고, 바깥쪽에 있기도 해. 심지어 여러 개의 고리 사이에 끼어 있는 것도 있지.

토성의 위성들 중 가장 큰 것은 '타이탄'이야. 행성인 수성보다 큰 위성 타이탄에는 호수와 강이 있고, 모래 언덕들도 보이지. 그런데 타이탄의 강에는 물이 아니라 액체 메테인이 검게 흐르고, 호수 역시 액체 메테인으로 가득해. 하늘에서 내리는 비도 물이 아니라 검은 액체 메테인이야. 이 검은 위성의 하늘을 채우고 있는 대기는 3억 5천만 년 전 지구에서 생명체가 나타나기 시작할 때와 비슷해. 그래서 과학자들은 이곳에 혹시 생명체가 살고 있지 않을까 기대하지.

토성의 또 다른 위성인 '엔셀라두스'는 언제나 반짝반짝 빛이 나. 아주 작은 얼음 알갱이들이 표면을 덮고 있는데, 이 알갱이들이 태양 빛을 그대로 반사하기 때문이야. 엔셀라두스의 외모를 돋보이게 만드는 얼음 알갱이들은 곳곳에서 솟구치는 간헐천에서 만들어져. 간헐천은 땅속에서 가열된 뜨거운 물이 수증기와 함께 일정한 간격을 두고 솟구치는 온천이야. 엔셀라두스가 토성 주위를 돌 때 두 천체의 거리는 가까워졌다가 멀어지기를 반복해. 이때 지표면 아래에 있는 물이 토성의 중력에 이끌려 움직이면, 가끔 지표면을 뚫고 올라와 간헐천이 되기도 하는 것이지. 최근 관측에 따르면 이 간헐천에서 생명체가 자라는 데 필요한 성분들이 발견되었다고 해.

누워서 자전하는 춥고 푸른 행성, 천왕성

태양계 행성 8개 중에서 맨눈으로 볼 수 있는 건 토성까지야. 그래서 일곱 번째 행성인 천왕성은 망원경이 발명되고 한참 뒤인 1781년에 발견되었어. 이후 사람들이 천왕성 너머를 관찰하기 시작했고, 우리가 아는 태양계의 범위는 두 배 이상 넓어지게 되었지.

멀리서 보면 청록색을 띤 천왕성은 부피가 지구보다 약 68배나 커. 해왕성보다 태양과 더 가까운데도 오히려 더 추운 행성이야. 평균 기온이 영하 200℃를 밑돌거든. 그래서 천왕성은 여덟 번째 행성인 해왕성과 함께 '얼음 거인'이란 별명으로 불려.

태양계에서도 바깥쪽에 있는 행성은 크게 두 가지로 나뉘어. '기체 거인'과 '얼음 거인'이지.

기체 거인은 목성과 토성이야. 이 두 행성 모두 엄청난 크기를 자랑

하고, 주로 수소와 헬륨 같은 기체로 이루어졌지. 얼음 거인은 천왕성과 해왕성이야. 이 두 행성은 목성이나 토성보다는 작지만, 지구보다는 훨씬 커. 두 행성의 대기는 목성이나 토성처럼 수소와 헬륨으로 이루어져 있지만, 얼어붙을 수 있는 물, 메테인, 암모니아도 섞여 있어.

천왕성의 고리는 왜 잘 보이지 않을까?

1977년 천문학자 제임스 엘리어트, 에드워드 던햄, 더글러스 밍크는 천왕성 둘레에 고리가 있다는 사실을 밝혀냈어. 고리를 직접 관측하지는 못했지만, 천왕성이 어떤 별 앞을 지나갈 때 별의 밝기가 예측과 다르게 변하는 것을 보고 이 사실을 알아냈지. 하지만 고리가 거의 빛을 내지 않았기 때문에 망원경으로 관측하기는 어려웠어. 1986년에 우주 탐사선 보이저 2호가 천왕성을 지나가면서 사진을 찍었고 비로소 천왕성의 고리를 확인하게 되었지.

지금까지 천왕성 둘레에서는 13개 정도의 고리가 발견되었어. 토성의 많은 고리들은 서로 가까워서 합쳐져 보이지만 천왕성의 고리는 여러 개의

천왕성
누운 채로 공전하는
얼음 거인

자전 주기	약 17시간 14분
공전 주기	약 84년
중력	0.9(지구의 중력을 1로 보았을 때)
반지름	약 2만 6,000km
표면 온도	평균 -200℃

얇은 실반지처럼 보이지.

과학자들은 아주 오랜 옛날 천왕성이 현재 위성과 비슷한 크기의 천체와 충돌했고, 작은 쪽이 산산조각 났을 거라고 보고 있어. 지금의 천왕성의 고리는 이때 생긴 파편들 중 우주 공간으로 날아가지 못하고 남은 것들이라는 거지. 암석 부스러기, 얼음, 탄소나 산소 알갱이들이 천왕성의 중력에 붙들려 그 둘레를 돌면서 고리가 된 거라고 보고 있어.

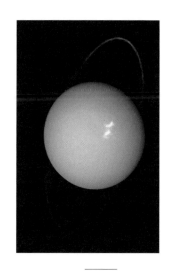

천왕성 ©NASA

다이아몬드 비가 내리는 행성

일부 과학자들은 천왕성의 중심부로 내려가면 다이아몬드 알갱이가 비처럼 내리고 있을 거라고 주장하고 있어. 대부분 행성은 중심부로 갈수록 열과 압력이 굉장히 높아져. 그런데 천왕성의 기압은 중심부에 가까워질수록 지구보다 수백만 배는 더 세. 이때 아주 높은 열이 엄청난 압력과 함께 탄소 알갱이들을 자극하면, 알갱이들은 서로 단단히 결합해 다이아몬드가 돼. 그리고 이 알갱이들이 강력한 중력에 끌려 중심부를 향해 우수수 떨어지는 다이아몬드 비가 되지.

미래 어느 날 천왕성 중심부의 높은 열과 압력을 견딜 수 있는 우주 탐사선이 개발되면 천왕성에서 다이아몬드를 한가득 건져 올릴 수 있을지도 몰라.

2장 태양계의 식구들

천왕성은 왜 누워 버렸을까?

지구는 자전축이 23.5° 기울어 있어서 계절의 변화가 생겨. 태양 둘레를 한 바퀴 도는 동안 햇빛을 더 많이 받는 위치는 여름이 되고, 햇빛을 적게 받는 위치는 겨울이 돼.

그런데 천왕성은 자전축이 기울다 못해 옆으로 완전히 누워 버렸어. 굳이 기울기를 따지자면 98° 정도야. 과학자들은 천왕성이 처음부터 이렇게 생기지는 않았을 것이라고 추측하고 있어. 수십억 년 전 멀리서 날아온 혜성이나 소행성이 천왕성과 충돌했고, 이때 큰 충격을 받아 자전축이 심하게 기울다 못해 누워 버린 것으로 보고 있지. 링 위에서 강력한 펀치를 맞고 다시는 일어서지 못하는 권투 선수 같기도 하고, 우연히 넘어졌는데 귀찮아서 일어나지 않는 게으름뱅이 같기도 해.

천왕성은 자전축이 누워 버렸기 때문에 자전하는 모습도 특이해. 다른 행성들이 하듯이 제자리에서 팽이처럼 돌지 않고, 두루마리 휴지처럼 누운 채로 돌아.

자전축이 눕는 바람에 천왕성의 자전은 낮과 밤에 별로 영향을 끼치지 않아. 제자리에서 한 바퀴 도는 자전을 하는 동안 햇빛을 받는 쪽은 여전히 햇빛을 받고 있고, 햇빛을 받지 못해 어두운 쪽은 여전히 어둡기 때문이야. 대신 천왕성이 공전 궤도에서 어떤 위치에 있는지에 따라 낮과 밤이 달라져.

2장 태양계의 식구들

바다를 품은 위성들

　　현재까지 발견된 천왕성의 위성은 모두 27개야. 그중에서 특히 큰 다섯 개 위성에 대해 간단히 이야기해 볼게.

　　1787년에는 '타이타니아'와 '오베론'이 발견되고, 그로부터 100여 년 후인 1851년에는 '아리엘'과 '엄브리엘'이, 그리고 1948년에는 '미란다'가 발견되었어. 우주 탐사선 보이저 2호가 보낸 자료에 따르면, 이 5개의 위성은 암석과 얼음으로 이루어져 있고, 표면에 커다란 크레이터들이 아주 많아.

　　위성들의 이름은 모두 유명한 영국 작가의 작품에서 가져온 거야. 천왕성을 발견한 천문학자 윌리엄 허셜의 아들인 존 허셜은 윌리엄 셰익스피어와 알렉산더 포프의 작품에서 이름을 빌려 위성의 이름을 지었어.

　　천왕성의 다섯 위성이 주목받는 이유는 얼어붙은 지표면 아래에 바다가 있을 가능성이 크기 때문이야. 보이저 2호가 보내온 자료에서 지표면 위로 나온 뒤 얼어붙은 물이 보였거든.

　　5개의 위성 중 가장 늦게 발견된 미란다는 특이한 겉모습 때문에 유명해졌어. 미란다 지표면에는 흉터 자국처럼 울퉁불퉁한 부분이 많고, 태양계에서 가장 큰 절벽도 있어. 이 절벽은 높이가 무려 10km 정도야. 지구에서 가장 높은 에베레스트산보다 더 높지.

멀고 먼 푸른 얼음 행성, 해왕성

해왕성은 태양으로부터 가장 멀리 떨어진 행성이야. 지구보다 30배나 더 먼 곳에 있지. 태양에서 너무 멀다 보니 태양 둘레를 도는 공전 궤도도 커질 수밖에 없어. 해왕성이 태양 둘레를 완전히 한 바퀴 돌려면 자그마치 165년이나 걸려.

해왕성은 천왕성과 쌍둥이처럼 닮았어. 앞에서도 말했지만, 두 행성은 모두 얼음 거인에 속해. 또 대기의 성분도 비슷하기 때문에 청록색에 가까운 푸른빛을 띠고, 천왕성과 마찬가지로 고리가 있어. 천왕성의 고리는 잘 보이지 않는 데 비해, 해왕성의 고리는 좀 더 뚜렷하게 보이는 편이지.

수학 계산으로 찾아낸 행성

천왕성이 발견되면서 사람들은 눈에 보이는 세계가 전부가 아니란 사실을 새삼 깨달았어. 그 전까지는 눈으로 볼 수 있는 행성 중 가장 멀리 있는 토성까지를 태양계라 믿었는데, 망원경 속에 나타난 새로운 행성인 천왕성이 그 생각을 무너뜨렸지. 이제 천왕성 너머에는 또 무엇이 있을지 궁금해지기 시작했어.

태양계는 행성을 끌어들이려는 태양의 중력과 태양에 끌려가지 않고 자신만의 길을 가려는 행성의 힘이 균형을 이루는 곳이야. 이곳에서 지구를 비롯한 8개 행성은 궤도 밖으로 튀어 나가지도 않고, 그렇다고 태양에 끌려가 충돌하지도 않은 채 태양 둘레를 공전하고 있어.

이때 각 행성들의 공전 궤도는 태양은 물론이고, 주변 다른 행성들의 중력에도 영향을 받으면서 결정돼. 예를 들어 태양계가 막 생겨나던 초기의 목성은 지금보다 태양과 더 가까웠어. 하지만 가까이 있는 토성의 중력과 상호 작용하면서 태양으로부터 좀 더 멀어져 지금 위치에 있게 되었지.

19세기 천문학자들은 천왕성의 궤도를 계산하다가 큰 궁금증이 생겼어. 실제 천왕성의 궤도가 계산 결과와 딱 맞지 않았기 때문이야. 태양이

해왕성	
수학자가 찾아낸 행성	
자전 주기	약 16시간
공전 주기	약 165년
중력	1.1(지구의 중력을 1로 보았을 때)
반지름	약 2만 4.622km
표면 온도	평균 -214℃

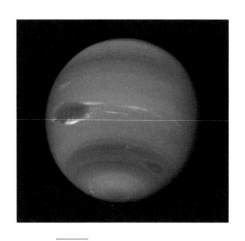

해왕성 ©NASA

나 다른 행성들과 주고받는 힘을 바탕으로 아무리 계산을 해도 항상 약간씩 어긋났지.

1843년 영국의 수학자인 존 쿠치 애덤스는 이 문제를 해결하기 위해 나섰어. 천왕성 주변에 공전 궤도에 영향을 끼치는 다른 행성이 있을 것이라고 생각했거든. 그는 계산으로 해왕성이 있을 만한 위치를 알아냈어. 하지만 안타깝게도 망원경으로 관찰해서 이것을 확인해 줄 사람이 없었지.

몇 년 후, 프랑스의 수학자인 위르뱅 르베리에도 독자적인 수학 계산으로 해왕성의 위치를 알아냈어. 그리고 베를린 천문대에서 일하는 요한 갈레에게 자신이 계산한 위치에 해왕성이 있는지를 관측하도록 부탁했지. 마침내 1846년 9월 23일 갈레는 인류 최초로 해왕성을 발견하는 영광을 누리게 되었어. 훌륭한 수학자 친구인 르베리에 덕분이었지.

지구보다 100배 이상 거센 폭풍

해왕성의 대기는 주로 수소와 헬륨으로 이루어졌지만, 메테인, 암모니아, 수증기도 포함되어 있어. 태양으로부터 멀리 떨어져 있기 때문에 평균 기온은 영하 214℃로 아주 춥지. 온도가 너무 낮기 때문에 지구의 대기라면 기체 상태인 메테인, 암모니아, 수증기가 모두 꽁꽁 얼어붙어 있어.

해왕성의 겉면은 아주 춥지만 내부는 아주 뜨거워. 모든 행성의 기체들은 중력에 끌려 가운데로 몰려들기 때문에 안으로 갈수록 서로 미는 힘이 커지고 온도도 높아져. 해왕성의 내부에서도 이런 일이 일어나는데, 태양으로부터 받은 열보다 더 많은 열이 발생하기도 해. 그리고 이 열은 해왕성의 대기 중 일부를 가열해 더 높은 곳으로 올라가게 만들지. 여기에 해왕성의 빠른 자전 운동이 힘을 더해 대기가 더욱 심하게 움직이게 돼.

그 결과 해왕성에는 시속 2,100km나 되는 폭풍이 불지. 이 폭풍은 지구에서 부는 강력한 허리케인보다 100배는 더 강해. 만일 지구에 이런 바람이 휩쓸고 지나가면, 땅 위에 남아나는 것이 없을 거야.

1989년 보이저 2호가 해왕성을 지나가는 동안 거대하고 어두운 회오리를 일으키는 구름 사진을 찍었어. 과학자들은 이 구름이 해왕성에서 부는 거센 폭풍과 관련 있다는 사실을 알아냈지. 해왕성의 남반구에서 크고 어두운 타원 모양으로 부는 이 폭풍을 '대흑반', 혹은 '대흑점'이라고 불러.

뜨거운 열과 다이아몬드 비

해왕성은 천왕성보다 약간 작지만 매우 닮은 꼴이야. 천

보이저 2호가 촬영한 해왕성 고리 ©NASA

왕성처럼 해왕성도 중심부로 가까이 갈수록 열과 압력이 높아지는데 이 열이 메테인으로 이루어진 얼음 알갱이를 녹여 순수한 탄소 알갱이가 되도록 만들지.

지구에서도 내부 깊은 곳으로 내려가면 해왕성의 내부처럼 탄소, 높은 열, 높은 압력이라는 3박자가 고루 갖추어진 곳이 있어. 이곳에서는 탄소 알갱이들이 특정한 모양과 간격으로 결합해서 단단한 다이아몬드가 돼.

앞에서도 이야기했듯이 과학자들은 해왕성과 천왕성 내부에서 다이아몬드가 만들어지고 있으리라 추측하고 있어. 탄소, 높은 열, 높은 압력 3박자가 골고루 갖추어져 있기 때문이야. 해왕성의 뜨거운 중심부에 있는 탄소 알갱이들은 특수한 결합 과정을 거쳐 다이아몬드로 변한 뒤 중심부의 한 중력에 끌려 비처럼 쏟아져 내리고 있을 거야.

보이지 않는 고리를 찾아서

해왕성은 천왕성과 마찬가지로 여러 개의 가는 고리들을 가지고 있어. 천왕성의 고리보다는 조금 더 잘 보이는 정도이지만, 지구에서는 관측하기 어렵지.

1989년 우주 탐사선 보이저 2호가 해왕성 근처를 지나가면서 수집

한 자료를 통해 해왕성에 고리가 있다는 사실이 밝혀졌어. 해왕성의 고리는 모두 6개 정도인데 주로 탄소나 수소를 포함한 여러 가지 물질과 얼음, 먼지 등이 섞여 있지.

해왕성의 고리 발견에 참여한 과학자들은 그중 5개 고리를 골라 각각 이름을 붙여 주었어. 해왕성 연구에 위대한 업적을 남긴 천문학자들의 이름을 따서 라셀, 아라고, 르베리에, 갈레, 애덤스라고 불렀지. 르베리에는 1846년 해왕성의 위치를 예측했고, 갈레는 같은 해 망원경으로 해왕성을 최초로 발견했으며, 아라고는 파리 천문대 대장으로 해왕성 발견에 큰 도움을 준 사람이야. 그리고 애덤스는 르베리에와 독립적으로 해왕성의 위치를 예측했고, 라셀은 해왕성에서 가장 큰 위성인 트리톤을 발견했지.

붙잡혀서 반대로 도는 위성

해왕성 둘레에는 모두 14개의 위성이 돌고 있어. 그중 제법 큰 것은 프로테우스, 네레이드, 트리톤 등이야.

트리톤은 가장 커서 쉽게 관측돼. 1846년 해왕성이 발견된 지 17일 만에 가장 먼저 발견된 위성이지. 발견자인 윌리엄 라셀은 19세기 영국 사람인데 정식 천문학자는 아니었어. 사업으로 번 돈을 좋은 망원경을 구입하는 데 썼고, 천문학에 대한 열정과 지식도 남달랐다고 해. 그는 성능 좋은 망원경과 열정으로 마침내 해왕성의 위성 트리톤을 찾는 데 성공했어.

트리톤은 해왕성의 자전 방향과 반대 방향으로 공전해. 행성의 자전 방향과 반대 방향으로 도는 유일한 위성이지. 지구의 위성인 달만 해도 지구의 자전 방향과 같은 방향으로 움직이거든.

트리돈이 해왕성의 자전 방향과 반대 방향으로 공전하는 이유는 붙잡힌 위성이기 때문이야. 원래 먼 곳에서 생겨나 돌아다니다가 우연히 해왕성의 중력에 사로잡혔거든. 아마도 수백만 년 후 트리톤은 점점 더 해왕성 가까이로 끌려가 충돌할지도 몰라. 그리고 그 잔해 중 우주 공간으로 날아가지 못한 것은 해왕성 둘레를 도는 또 하나의 고리가 되겠지.

양치기 위성

태양계의 행성들 중에는 거대한 목장을 운영하는 주인들도 있어. 주변에 양치기 위성을 거느리고 있기 때문에 목장 주인이라고 부르는 거야. '양치기 위성'이라는 이름에서 알 수 있듯이 이 위성들은 무언가를 지키며 돌보는 역할을 해. 양치기가 양들이 흩어지지 않도록 지킨다면, 양치기 위성들은 행성의 고리를 이루는 암석이나 먼지가 흩어지지 않도록 지키지. 고리의 모양을 유지해 주고, 고리들 사이의 간격을 적당히 떨어뜨려 줘.

태양계에서 고리를 가진 행성은 4개야. 토성, 목성, 천왕성, 해왕성처럼 고리를 가진 대부분의 행성들은 양치기 위성들의 도움을 받아 고리 모양을 유지해. 토성은 천왕성이나 해왕성보다 고리가 크고 뚜렷하기 때문에 그만큼 양치기 위성들도 많이 거느려. 마치

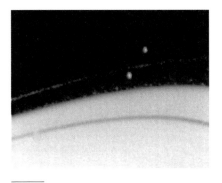

보이저 2호가 찍은 토성의 양치기 위성들 ©NASA

커다란 목장 주인처럼 몇 겹으로 이루어진 거대한 고리들 사이 사이에 여러 개의 양치기 위성을 두고 있어.

토성의 고리들 중 특히 밝은 빛을 내는 'F 고리'를 자세히 살펴보면 양치기 위성들이 보여. 고리의 바깥쪽(토성으로부터 더 먼 쪽)에는 '판도라 위성'이 있고, 고리의 안쪽(토성에 더 가까운 쪽)에는 '프로메테우스 위성'이 있지. 판도라는 고리에 흩어진 물질들을 바깥쪽으로 밀어내고, 프로메테우스는 고리의 물질들을 안쪽으로 끌어당겨. 이처럼 반대 방향으로 작용하는 두 힘 덕분에 고리는 일정한 모양을 유지할 수 있지. 이 현상을 '양치기 효과'라고 불러.

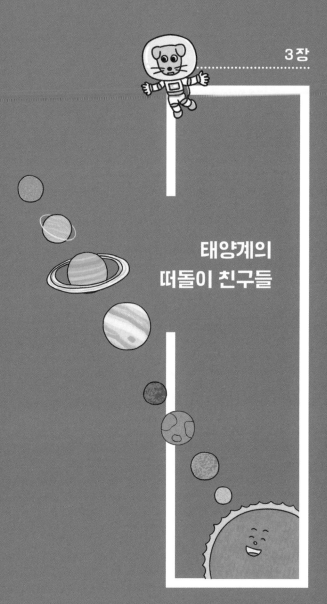

태양계의
떠돌이 친구들

행성이 되지 못한 작은 거인, 소행성

이탈리아의 천문학자 주세페 피아치는 1801년에 소행성 '세레스'를 발견했어. 당시 피아치는 시실리의 팔레르모천문대에서 별들의 위치를 관측하는 일을 했는데, 그때까지 알려진 어떤 별과도 일치하지 않는 천체를 발견했어. 처음에는 그 천체가 태양계를 지나가는 혜성일지도 모른다고 생각했지. 하지만 계속 관측해 보니 화성과 목성 사이에서 태양을 중심으로 공전하고 있는 새로운 행성이었어.

피아치는 이 행성의 이름을 '세레스 페르디난데아'라고 지었어. 세레스는 로마의 여신 중 하나이고, 페르디난데아는 당시 국왕이었던 페르디난트 4세에서 따온 이름이야. 뒤에 이 소행성의 이름은 간단히 '세레스'로 바뀌었지. 새로 발견된 천체에는 신의 이름을 붙여 주는 것이 관행이었는데 나중에는 모든 신들의 이름이 모자랄 정도로 많은 소행

비틀스

빌리
홀리데이

제임스
본드

엘비스
프레슬리

소행성 명예의 전당

성이 발견되었기 때문에 이 방법은 이제 사용되지 않아. 최근 수십 년 동안에만도 지름 1m 미만에서 수백 km에 이르는 천체들이 수천 개나 발견되었거든.

토바 신화에서 세레스는 곡물이 잘 자라고 많은 아이들이 태어나도록 도와주는 여신이야. 이런 이름 덕분일까? 세레스의 발견 이후 화성과 목성 사이에서는 작은 천체들이 줄줄이 발견되어 태양계 구조가 새롭게 이해되기 시작했어.

요즈음에는 태양계에서 새롭게 발견되는 작은 천체에 발견자의 동료나 가까운 사람의 이름을 붙이는 경우도 많아. 단, 발견한 사람 자신의 이름을 붙이는 것은 금지되어 있다고 해. 20세기 과학자들은 창의력을 발휘해 작은 천체들에 제임스 본드, 엘비스, 비틀스 같은 스타들의 이름을 붙이기 시작했지.

미처 행성이 되지 못한 천체들

망원경이 발달하면서 천문학자들은 점점 더 많은 작은 천체들을 발견했어. 특히 화성과 목성 사이에 띠를 이루면서 늘어선 수많은 작은 천체들에 주목했지. 달의 4분의 1 크기밖에 안 되는 세레스도 이런 작은 천체들과 비슷한 점이 많았어. 물론 처음에는 태양에서 다섯 번째로 가까운 행성으로 인정받으며, 목성을 여섯 번째 자리로 밀어냈어. 하지만 1850년이 되자 천문학자들은 세레스는 행성이 아니라 소행성이라고 선언했어.

소행성은 1800년대 초 영국의 천문학자 윌리엄 허셜이 화성과 목성 사이에 있는 작은 천체들을 '애스터로이드'라고 부른 데서 시작된 말이야. '애스터로이드(asteroid)'는 별을 뜻하는 그리스어 '애스터(aster)'와 닮았다는 뜻을 지닌 '오이드(-oid)'가 합쳐진 말이지. 아마도 허셜은 소행성들을 태양계 밖 아주 멀리서 빛나는 작은 별이라고 생각했던 것 같아.

소행성은 초기 우주에서 태양과 행성들이 생겨난 뒤 남은 부스러기야. 태양의 중력에 붙들려 우주 공간으로 탈출하지 못하고 여전히 태양 둘레를 도는 작은 천체들이지. 몇몇 소행성들은 태양과 아주 가까운 궤도를 돌지만, 대부분은 무리를 지어 화성과 목성 사이를 돌고 있어. 물론 태양에서 더 멀리 떨어져 도는 무리도 있기는 해.

주로 화성과 목성 사이나 해왕성 너머에 모여 있기는 하지만, 소행성은 태양계 전체를 떠돌아다녀. 원래 자리에서 빠져나와 엉뚱한 곳으로 날아가는 경우도 많아. 크기가 작다 보니 주변 행성이나 가끔 지나가는 혜성의 중력에도 영향을 받기 때문이야.

통구스카 대폭발 사건

소행성이 충격을 받으면 태양을 향해 날아가거나 행성으로 날아들기도 해. 지구에 떨어지는 작은 소행성들은 대부분 공기와 마찰하면서 타 버리지만, 가끔 큰 것들은 땅에 떨어지기도 하지. 큰 소행성이 땅에 떨어지면 대폭발, 지진, 해일, 산불이 일어나고 엄청난 재난이 닥쳐.

과학자들은 6500만 년 전 공룡이 멸종한 것도 소행성 충돌 때문일 것으로 추측하고 있어. 지구에 거대한 소행성이 충돌하면서 화산이 폭발하고, 큰 산불과 쓰나미가 일어났어. 그리고 화산재와 연기가 몇 년 동안 햇

퉁구스카 대폭발 현장

빛을 가려 밤과 겨울만 지속되었지. 이런 엄청난 기후 변화 때문에 공룡은 더 이상 지구에서 살 수 없게 된 거야.

가장 최근에 일어난 소행성 충돌은 지금으로부터 100여 년 전에 있었어. 1908년 6월 어느 날 밤 영국 런던 시민들은 깜깜한 밤하늘이 대낮처럼 환해지자 깜짝 놀랐지. 러시아의 이르쿠츠크 지역에서는 갑자기 집이 흔들리고 유리창이 깨져 나갔어. 그런데 같은 시간 시베리아의 퉁구스카강 유역에서는 거대한 파란 불꽃이 하늘을 가로지르며 떨어지면서 어마어마한 폭발이 있었어. 곧이어 천지를 뒤흔드는 소리와 함께 검은 구름이 피어올랐지. 그 광경을 본 많은 사람들이 최후의 심판이 다가왔다고 울면서 기도할 정도였어.

다행히 폭발 지역은 사람이 살지 않는 곳이라 인명 피해는 없었지만 폭발 지역 주변의 나무가 8천만 그루나 쓰러지고, 근처에 풀어놓았던

3장 태양계의 떠돌이 친구들

순록 1,500마리 정도가 죽었다고 해.

당시 러시아는 정치적으로 불안했기 때문에, 이 사건을 제대로 조사할 여력이 없었어. 나중에 들어선 소련 정부가 폭발 지역을 조사한 뒤 '소행성 충돌'일 가능성이 크다고 발표했지. 소련 정부의 발표에 따르면, 소행성이 대기권을 통과해 지상으로 내려오던 중 상공 5~10km 근방에서 폭발했고 이때 충격은 강력한 수소 폭탄이 터진 것과 같았다고 해.

나중에 몇몇 과학자들은 퉁구스카 폭발을 일으킨 소행성의 지름이 60m도 채 되지 않을 것이라고 주장했어. 이처럼 작은 천체가 퉁구스카 폭발처럼 큰 위력을 발휘한 것만 보아도 소행성은 작은 거인이라 불릴 만해.

2016년 전 세계 과학자들은 매년 6월 30일을 '소행성의 날'로 정했어. 퉁구스카 폭발을 기억하며 소행성 충돌의 위험성을 널리 알리기 위해서였지. 그리고 이를 대비하기 위해 전 세계가 함께 노력을 기울이기로 했어. 지금은 지구에 충돌할 위험이 있는 소행성을 미리 폭파하거나 다른 방향으로 유도하는 방법을 연구하는 중이지.

소행성대의 작은 거인들

세레스가 발견된 이후 천문학자들은 태양계 안과 밖에서 수많은 작은 천체들을 찾아냈어. 특히 화성과 목성 사이에는 소행성들이 태양을 중심으로 커다란 도넛 모양으로 모여 있었어. 멀리서 보면 태양을 둘러싼 둥그런 띠 같기도 한 이곳의 이름은 '소행성대'야. 1802년에는 '팔라스', 1804년에는 '주노' 그리고 1807년에는 '베스타'가 소행성대에서 발견되었어.

소행성은 지름 10m 이하인 바위 크기에서부터 500km가 넘는 것까지 정말 다양해. 그런데 그중 절반 이상이 지름 200km 이하의 작은 천체야. 태양으로부터 떨어진 거리에 따라 3~6년마다 한 바퀴씩 태양 주위를 돌고 있지.

앞에서도 이야기했듯이 이 지역에서 최초로 발견된 소행성은 세레스야. 지름이 약 946km인 세레스는 소행성대에서 가장 큰 천체이기도 해. 세레스 외에도 베스타, 팔라스, 히기야가 비교적 큰 소행성에 속해. 그리고 이 4개 소행성들의 질량을 더한 값이 소행성대 전체 질량의 약 절반을 차지해. 그만큼 대부분 소행성들의 크기와 질량이 아주 작다는 뜻이지.

나중에 세레스는 소행성 목록에서 빠져 왜소 행성 목록으로 옮겨 가게 되었어. 왜소 행성에 대해서는 조금 뒤에서 살펴볼게.

뒤늦게 소행성대의 챔피언이 되기는 했지만, 베스타는 세레스보다 훨씬 작아. 지름이 약 525km로, 세레스의 절반이 조금 넘지. 하지만 아주 밝아서 맨눈으로도 볼 수 있는 유일한 소행성이야. 만일 성능 좋은 망원경으로 베스타를 보면, 여기저기 움푹 파이고 울퉁불퉁 찌그러진 모양을 볼 수 있을 거야. 남반구에는 거대한 분화구가 있어. 아마도 아주 오래전 큰 충돌로 생긴 것 같아. 앞으로 이 분화구를 제대로 탐사해 보면, 베스타가 유난히 밝게 빛나는 이유를 알 수 있지 않을까 싶어.

소행성대에 대한 오해

　소행성대와 관련해 흔한 오해가 있어. 소행성대의 작은 천체들이 화성과 목성 사이에 조밀하게 모여 태양계의 안과 밖을 가르는 울타리처럼 버틸 거라는 생각이야. 더 나아가 우주선이 이곳을 통과하려면 소행성과 충돌하지 않도록 운전을 잘해야 한다고 생각하기도 해.

　그래서인지 많은 애니메이션과 영화에서 우주선이 바위투성이인 소행성대를 아슬아슬하게 지나가는 장면을 볼 수 있어. 하지만 실제로 소행성대를 관측해 보면, 우주 공간이 얼마나 드넓은지 실감할 수 있을 거야.

　소행성대에 천체들이 모여 있기는 해도 사이사이 간격은 아주 넓어. 그래서 이곳을 지나는 우주선이 소행성을 피하지 못해 충돌할 일은 거의 없지. 마치 드넓은 몽골 초원을 지날 때 양 치는 유목민과 마주칠 가능성과 비슷해. 아예 만나지 못하거나 만나더라도 멀리서 미리 알아볼 수 있으니 원한다면 언제든 피해 갈 수 있어.

소행성 베스타 ⓒNASA/JPL

왜소 행성으로 다시 태어난 명왕성

세레스가 발견된 후 수많은 소행성들이 관측되는 가운데 21세기가 되었어. 우주 관측 기술은 더욱 발전했지. 2005년에는 명왕성보다 더 큰 '에리스'가 발견되었어. 명왕성과 에리스는 행성이라고 보기에는 너무 작고(명왕성은 달보다 작아.), 보통 행성들과 달리 옆으로 길쭉하게 늘어난 궤도를 그리며 태양 둘레를 공전했어.

2006년에 국제천문연맹(IAU)은 행성의 조건을 다음과 같이 새롭게 정했지.

1. 행성은 태양 둘레를 공전하며, 다른 행성의 위성이 아니어야 한다.
2. 행성은 둥근 공 모양이어야 한다.
3. 행성이 공전하는 궤도 위에 다른 천체들이 없어야 한다.

명왕성과 에리스는 첫 번째와 두 번째 조건을 갖추었지만, 세 번째 조건을 만족시키지 못했어. 결국 천문학자들은 명왕성을 행성에서 퇴출시키고, 소행성 목록에 집어넣기로 했지. 또 열 번째 행성이 될 뻔한 에리스도 소행성 목록에 들어갔어. 그런데 명왕성과 에리스는 다른 소행성들에 비해 너무 클 뿐만 아니라, 행성과 비슷한 점도 많아 다시 문제가 되었지.

명왕성은 특히 지구나 화성과 닮은 점이 많았어. 행성의 약 70%가 암석으로 이루어져 있고, 행성이 생겨날 때 발생한 열이 행성을 둥근 공 모양으로 잘 유지시켜 주고 있지. 그리고 암석으로 이루어진 단단한 핵과 지표면 사이에 물 얼음, 질소 얼음, 메테인 얼음으로 이루어진 맨틀이 있어. 물론 대부분 암석으로 이루어진 지구의 맨틀처럼 활발한 화산 활동은 하지 않지만 말이야. 어쨌든 지각, 맨틀, 핵이라는 3중 구조로 이루어졌기 때문에, 지구와 같은 암석형 행성의 기본 조건을 갖추고 있다고 볼 수 있어.

국제천문연맹은 고민 끝에 '왜소 행성'이라는 새로운 분류 체계를 내놓았어(왜행성이라고도 해.). 그 결과 다른 소행성보다 훨씬 크면서 공 모양을 유지하는 명왕성, 세레스, 에리스 같은 소행성들은 왜소 행성이라는 새로운 묶음에 들어가게 되었어. 결국 소행성에는 왜소 행성보다 작고, 모양이 울퉁불퉁하거나 뾰족한 작은 천체들만 남게 되었지.

해왕성 너머의 새로운 왜소 행성들

1992년부터 천문학자들은 명왕성과 비슷한 위치에서 태양계 바깥쪽을 떠도는 작은 천체들을 발견하기 시작했어. 나중에는 수백 개가 무리 지어 소행성대처럼 띠 모양을 이루고 있다는 것도 알게 되었지. 해왕성 너머에서 이렇게 소행성이 띠를 이루며 모여 있는 것을 '카이퍼 벨트'라고 해.

카이퍼 벨트에 있는 작은 천체들 중에서 명왕성, 에리스, 하우메아, 마케마케는 다른 소행성들보다 훨씬 크고, 둥근 공 모양이야. 그래서 처음에는 모두 행성이 될 뻔했어. 하지만 행성의 조건 중 세 번째, '행성이 공전하는 궤도 위에 다른 천체들이 없어야 한다'는 조건을 만족

3장 태양계의 떠돌이 친구들

시키지 못해 왜소 행성이 되었지.

태양계가 생겨나던 초기에 행성의 공전 궤도에는 작은 천체들이 아주 많았어. 그런데 지구를 포함한 태양계의 모든 행성들은 중력이 충분히 세기 때문에 자신의 궤도 위를 청소할 능력이 있었지. 자신의 중력으로 이 작은 천체들을 끌어들여 태워 버리거나 충돌 후 산산조각 내 버렸어. 아니면 다른 행성과 협력해 작은 천체들을 자신의 궤도에서 밀어내기도 했지. 하지만 명왕성, 에리스, 하우메아, 마케마케는 중력이 약하기 때문에 스스로 자신의 궤도를 깨끗하게 청소할 능력이 없어. 이 때문에 지금은 몇몇 작은 천체들과 공전 궤도를 함께 쓰며 태양 둘레를 돌고 있지.

명왕성과 에리스는 공전 궤도의 모양이 특이한 것으로도 유명해. 태양계가 처음 만들어질 때 다른 행성들의 중력에 영향을 받아 궤도가 옆으로 길게 늘어난 거야. 그 결과 이 두 왜소 행성은 태양과 거리가 주기적으로 변하게 돼. 어떨 때는 태양과 아주 멀리 떨어져 있고, 어떨 때는 태양에 훨씬 가깝게 다가가 공전하지. 예를 들어 명왕성은 공전 주기 248년 중 거의 20년 동안은 해왕성보다 더 태양에 가까워진 채로 공전해.

왜소 행성들의 고향, 카이퍼 벨트

미국의 천문학자 제럴드 카이퍼는 1950년대부터 20여 년 동안 태양계 바깥쪽에 대해 연구했어. 그리고 아직 우리가 발견하지

118

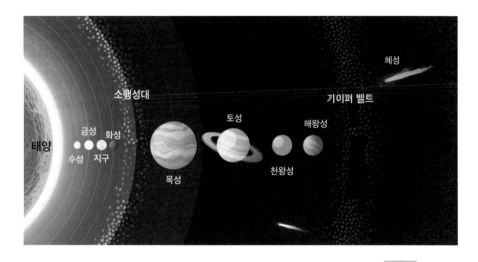

태양계

못한 천체들이 해왕성 너머에 모여 있을 거라고 주장했지. 카이퍼는 살아 있는 동안 이곳을 발견하지 못했지만, 1992년에 후배 천문학자 들이 이 일을 해냈어. 그들은 제럴드 카이퍼의 뜻을 기려, 해왕성 너머 작은 천체들이 모여 있는 곳에 '카이퍼 벨트'란 이름을 붙여 주었어.

태양계를 멀리서 지켜본다면 태양을 둘러싼 첫 번째 띠(벨트)는 화 성과 목성 사이의 소행성대이고, 두 번째 띠(벨트)는 해왕성 너머의 카 이퍼 벨트야. 위에서 내려다보면, 크기가 다른 거대한 도넛 2개가 태 양을 둘러싸고 있는 모양이지.

소행성대를 대표하는 왜소 행성이 세레스였다면, 카이퍼 벨트를 대 표하는 왜소 행성은 명왕성, 하우메아, 마케마케, 에리스야. 카이퍼 벨 트에는 이 4개의 왜소 행성을 포함해 얼음과 물로 이루어진 다른 수많

3장 태양계의 떠돌이 친구들

은 작은 천체들이 모여 있어.

카이퍼 벨트는 지구에서 5억 5천만 km 떨어진 곳에 있어. 태양계가 처음 생겨날 때 행성이 되지 못한 부스러기들이 태양계 바깥쪽에 모여 이루어졌지. 카이퍼 벨트는 태양계가 막 생겨나려던 약 50억 년 전 모습을 그대로 간직하고 있다고 해.

태양계의 멋진 방랑자,
혜성

카이퍼 벨트에는 소행성만 있는 게 아니야. 소행성에 속하지 못한 얼음과 먼지가 뭉쳐 혜성이 되기도 해. 소행성이 커다란 바위 덩어리라면, 혜성은 푸석푸석한 눈 덩어리라고 볼 수 있어.

혜성은 보통 소행성보다는 작아. 가장 큰 소행성인 세레스의 지름이 940km가 넘는 데 비해 혜성은 그렇게까지 큰 것은 없어. 지름이 수 km에서 수십 km 정도야. 혜성의 중심에는 단단하게 자리 잡은 핵이 있고, 그 주위를 가스와 먼지로 이루어진 혜성 구름이 둘러싸고 있어.

혜성은 해왕성 너머에서 생겨나. 태양 빛이 잘 닿지 않는 춥고 어두운 곳에서 물, 메테인, 암모니아, 이산화탄소가 얼어붙어 혜성의 재료가 돼. 그런데 이런 얼음이 태양에 가까워져 열을 받으면, 쉽게 기체로 변해 날아가. 이때 녹은 얼음에서 풀려난 가스와 먼지는 태양과 반대 방향으로 길게 꼬리를 늘어뜨리며 빛을 반사해. 그 결과 혜성이 밤하늘을 가로지르며 나아가면 찬란한 빛줄기가 따라붙지. 태양에 가까워질수록 거센 태양풍을 맞기 때문에 이런 일이 생기는 거야.

태양을 벗어날 수 없는 운명

　　태양계에 속한 모든 물체는 태양을 중심으로 도는 것이 우주의 원리야. 혜성이 태양으로부터 아주 먼 카이퍼 벨트나 그 너머에서 생겨났다 해도 태양 주위를 도는 운명을 벗어날 수는 없어. 태양을 중심으로 아주 큰 궤도를 그리며 도는 기나긴 여행은 혜성이 다른 천체와 충돌해 사라지지 않는 한 계속돼.

　　혜성이 공전하는 모습은 보통 행성들과 좀 달라. 우주 공간을 우아하게 누비는 방랑자 같다고나 할까. 태양에 가까워질수록 속도를 높이며 꼬리를 길게 그리다가 다시 태양에서 멀어지면 슬그머니 꼬리를 감추며 천천히 움직이지. 이렇게 주기에 맞추어 느리거나 빠르게 속도를 조절하며 반짝이는 긴 꼬리를 늘어뜨리

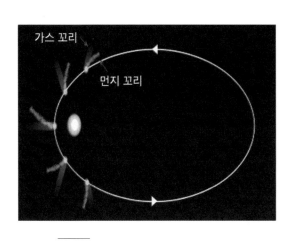

가스 꼬리

먼지 꼬리

혜성의 꼬리

는 모습은 마치 밤하늘을 배경으로 춤이라도 추는 것 같아.

혜성의 공전 주기는 태양 둘레를 한 바퀴 도는 데 걸리는 시간이야. 양옆으로 긴 타원을 그리는 주기는 수십 년에서 수천 년에 이르기까지 정말 다양해. 공전 주기가 짧은 '단주기 혜성'은 태양 둘레를 도는 데 200년이 안 걸리지만, '장주기 혜성'은 카이퍼 벨트보다 훨씬 더 바깥 쪽에서 날아오기 때문에 공전 주기가 200년이 넘어.

가장 유명한 단주기 혜성 중 하나는 '핼리 혜성'이야. 지구에서 맨눈 으로 볼 수 있는 몇 안 되는 혜성이지. 공전 주기가 약 76년이므로, 오 래 사는 사람은 핼리 혜성을 두 번 볼 수 있어. 핼리 혜성이 마지막으 로 관측된 것은 1986년 2월 9일이었고, 다시 지구와 가까워지는 것은 2061년 7월 28일이 될 거라고 해.

혜성의 또 다른 고향을 찾아서

1950년 네덜란드의 천문학자 얀 오르트는 카이퍼 벨트 말고도 혜성의 또 다른 고향이 있다고 주장했어. 둥근 껍질처럼 태양 계 가장 바깥쪽을 둘러싼 곳에서 공전 주기가 200년 넘는 혜성들이 만 들어진다고 말이야. 그리고 혜성 외에도 소행성을 비롯한 크고 작은 천 체들이 이곳에 구름처럼 모여 있을 거라고도 했지. 사람들은 이곳을 '오 르트 구름'이라 부르며 관심을 가지기 시작했어.

오르트 구름에는 크고 작은 천체들이 1조 개 이상 흩어져 있고, 이 구름 지대를 벗어나면 태양계가 끝난다고 보아야 해. 태양에서 오르트

구름까지 거리만큼을 더 나아가면, 태양과 가장 가까운 별인 '프록시마 센타우리'가 나오지.

오르트 구름은 대부분 가벼운 먼지, 물, 기체 얼음 덩어리들로 이루어졌기 때문에 가까이 있는 거대 행성의 중력에 끌려다니기 쉬워. 이때 태양계의 안쪽으로 깊이 끌려 들어온 것들은 태양열이나 태양풍의 영향을 받으며 뭉쳐져 혜성이 되는 거야.

유성, 유성우, 운석

혜성을 구성하는 물질을 생각해 보면 혜성은 '먼지와 푸석거리는 얼음 덩어리'에 지나지 않아. 심지어 혜성을 두고 '더러운 눈덩이'라고 부르는 사람들도 있어. 이처럼 행성보다 훨씬 작은 혜성을 하찮게 보는 경우가 많지만, 막상 혜성이 행성에 부딪히면 큰 충격을 받게 돼.

1994년 지구인들은 처음으로 행성과 혜성이 충돌하는 현장을 보게 되었어. 슈메이커-레비 혜성이 목성에 떨어져 충돌한 거야. 충격이 얼마나 컸는지 그 흔적을 지구에서 망원경으로 볼 수 있을 정도였어. 충돌 흔적은 지구보다 클 정도로 거대했다고 해. 만일 이런 혜성이 지구에 충돌한다면 지구는 산산이 부서져 소행성이 되고 말 거야. 하지만 다행히도 태양계 안쪽으로 날아 들어오는 소행성이나 혜성은 대부분 지구에 닿기 전에 목성에 충돌해 폭파되고 말아. 거대한 목성의 중력을 이기지 못하고 끌려가기 때문이지.

만일 운 좋게 지구까지 온 소행성이나 혜성이 있더라도 대부분은 지구 대기권을 통과할 수 없어. 강력한 자기장과 공기층이 두꺼운 이불처럼 지구를 둘러싸고 있기 때문이지. 우주에서 날아온 물체가 이 보호막에 걸리면 산산조각 난 뒤 타 버리고 말아. 지상에서 이 광경을 바라보면 정말 아름다워.

　'유성'이란 소행성이나 혜성에서 떨어져 나온 부스러기, 혹은 우주 먼지가 지구 대기권에 들어와 불타는 것을 가리키는 말이야. 큰 유성은 짧은 시간 동안 빛나는 꼬리를 길게 그리면서 땅으로 떨어져 내려. 밤하늘을 지켜보는 사람들이 '와!' 하고 탄성을 지르게 만드는 특별한 유성이지. 이런 유성은 '별똥별'이라고도 해.

　'유성우'는 유성이 소나기처럼 무리 지어 쏟아지는 거야. 부스러기를 많이 남기는 혜성이 지나간 뒤 밤하늘을 보면 수많은 유성들이 비처럼 마구 쏟아져 내리지. 미리 혜성이 지나가는 시기를 알아 두었다가 자정에서 새벽녘에 하늘을 바라보면 유성우를 볼 수 있어. 예를 들면 사분의자리 유성우(1월 4일경), 페르세우스자리 유성우(8월 12일경), 쌍둥이자리 유성우(12월 13일경)가 있지.

　그런데 하늘에서 떨어지는 유성 중 큰 것은 대기권에서 다 타지 않고 그대로 내려와 충돌하는 '운석'이 되기도 해. 물론 대부분의 운석은 소행성이 부서진 조각이야. 소행성은 단단한 바위나 금속으로 이루어졌기 때문에 대기권에서 타 버리지 않고 산산조각 난 채 땅에 떨어질 가능성이 더 크기 때문이지.

　운석 중에는 가끔 아주 큰 것도 있어. 지금부터 수천 년 전에 그린란드에 떨어진 운석은 3만 kg이 넘었다고 해. 그린란드 사람들은 이 운석을 부수어 철제 무기나 도구를 만드는 데 썼어. 암석에서 철을 얻으려면 뜨거운 열로 녹여야 하는데 운석에서는 쉽게 철을 얻을 수 있었기 때문에 하늘에서 떨어진 선물과도 같았지.

궁금 pick

조선, 핼리 혜성을 기록하다

영국의 천문학자 에드먼드 핼리는 과거 천문 기록을 살펴보다가 1456년, 1531년, 1607년, 1682년에 나타났던 혜성이 어딘지 닮았다는 사실을 알아냈어. 크기나 모양도 비슷했고, 밤하늘을 지나가는 길도 거의 일치했거든. 그래서 1758~1759년 사이에 다시 이 천체가 나타나리라고 예측했는데, 1758년 12월 말이 되자 실제로 밤하늘에 혜성이 보이기 시작했어. 사람들은 그의 이름을 따서 이 천체를 '핼리 혜성'이라 부르기로 했지. 그런데 이때 동양에서도 핼리 혜성에 대해 자세한 기록을 남긴 나라가 있었어. 바로 조선이지.

조선 시대에는 오늘날의 기상청, 천문연구원과 비슷한 '관상감'을 두고 천문 현상을 기록했어. 관상감의 관원들은 특별히 시험을 치고 들어온 뛰어난 천문학자들이었고, 관상감의 수장은 관리 중 가장 높은 직위인 영의정이 맡았어.

조선은 유학을 중시하고 기술을 천시했기 때문에 출세에 관심 있는 사람들은 관상감에 절대 들어가려 하지 않았어. 대신 관상감에는 출세보다는 우주를 관찰하는 것 자체를 좋아하는 뛰어난 인재들이 모여들었지. 이들은 하루에 15번 이상 하늘을 관찰하며 꼼꼼하게 기록했어. 영조 때 관상감 기록 중에는 핼리 혜성의 위치와 모양 등을 자세히 관측했던 내용도 포함되어 있지. 이 기록은 1759년 핼리 혜성에 대한 유일한 국가 기록이야.

기록에는 '북극에서 각거리는 115도이고, 꼬리 길이는 1척 5촌

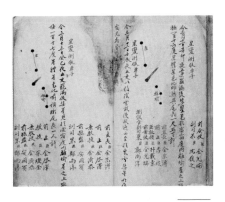
조선 시대 문헌 《성변등록》에 실린 혜성에 대한 기록
ⓒ연세대학교 학술문화처 도서관 소장

이 넘었다'라는 내용도 있어. 이 정도로 과학적인 관측과 기록을 할 정도라면, 당시 조선은 천문학 선진국이었던 것 같아.

　조선 시대 사람들은 혜성의 꼬리가 화살 같다는 뜻에서, '살별'이라 부르기도 했고. '꼬리별'이라 부르기도 했어. 그래서 '꼬리별 혜(彗)'와 '별 성(星)'이 합쳐 '혜성'이 되었지. 그런데 혜성의 정체가 '얼음과 먼지 덩어리'라는 것을 알기 전까지 우리 조상들도 혜성이 나타나는 것을 두려워했어. 하늘에 변화가 생기면 대부분 최고의 권력자인 임금에게 변화가 생긴다고 믿었기 때문이야. 관상감의 우두머리가 영의정인 것만 보아도 조선의 조정이 하늘의 변화에 얼마나 큰 관심을 가졌는지 알 수 있지.

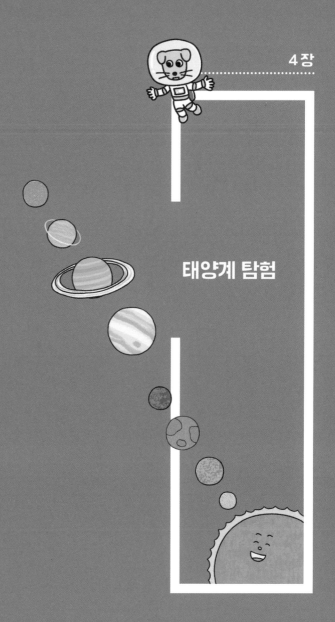

4장

태양계 탐험

어떻게 우주로
갈까?

우주에 대해 점점 많은 것을 알아갈수록 사람들은 지구를 떠나 우주 공간으로 나아가고 싶었어. 그래서 하늘 높이 날아오를 수 있는 방법을 찾기 시작했지. 하지만 지구가 끌어당기는 중력이 너무 세기 때문에 쉽지 않았어.

일단 지구의 엄청난 중력이 미치지 않는 공간으로 나아가기만 하면, 우주에서는 연료를 사용하지 않고도 계속 움직일 수 있어. 이것은 '관성의 법칙' 때문이야. 관성의 법칙은 우주에서 물체가 움직이는 기본 원리지. 우주 공간에서는 물체가 일단 움직이기 시작하면, 다른 천체의 중력과 같은 힘이 미치지 않는 한 계속 그 방향으로 움직이게 돼.

자동차와 로켓

　　로켓과 자동차는 움직이는 원리가 비슷해. 로켓이 훨씬 더 많은 연료를 쓰고, 훨씬 더 많은 힘을 낸다는 차이가 있지만 말이야. 로켓과 자동차 모두 엔진에서 연료를 태워 아주 뜨거운 가스를 만들어 내고 그 힘을 이용해서 앞으로 나아가지.

　　로켓은 뜨거운 가스가 배출될 때 땅을 밀며 날아오르고, 자동차는 가스가 밀어내는 힘으로 피스톤을 움직여 모터를 돌린다는 차이가 있지. 연료를 태워 추진력을 만드는 원리는 비슷해.

　　로켓이 우주 공간으로 날아가려면 지구의 중력권을 벗어날 수 있을 만큼 큰 힘을 내야 해. 그래서 자동차 연료보다 훨씬 많은 연료를 싣고 날아올라야 해. 실제로 인공위성이나 우주 탐사선을 쏘아 올릴 때 본체인 인공위성이나 우주 탐사선보다 연료를 실은 로켓의 무게가 몇 배나 더 크고 무거워. 대부분 로켓이 2단 또는 3단 구조로 되어 있는 이유는 연료의 무게가 너무 무거워서 아래쪽 1단 연료부터 쓰고 버리며 날아가기 때문이야.

지구의 중력을 밀어내며 발사되는 로켓

134

고체 연료와 액체 연료

　　로켓의 조상이라 할 수 있는 불화살이 처음 만들어졌을 때는 화살 끝에 고체 화약을 채운 통이 달려 있었어. 1926년 로버트 고더드가 최초의 로켓을 만들 때는 액체 연료를 썼지. 불화살에서 로켓이 되기까지 모양뿐만 아니라, 뜨거운 가스를 뿜기 위한 연료의 종류도 바뀌었다는 것을 알 수 있어. 현대에 와서는 우주 여행에 더 적합한 액체 연료를 주로 쓰고 짧은 거리를 비행할 때는 고체 연료도 사용해.

　　로켓에는 불화살과 비교가 안 될 정도로 많은 연료가 들어가. 그런데 고체 연료는 한 번 불이 붙으면 연료가 다 탈 때까지 멈출 수 없어. 또 연료가 탈 때 발생하는 높은 온도와 압력을 견디기 위해 로켓을 두껍고 단단하게 만들어야 해서 무게가 무겁지. 그래서 장거리 비행에 불리해. 하지만 액체 연료를 쓰게 되면 중간에 엔진의 불을 끄거나 다시 켤 수도 있고, 로켓의 속도나 이동하는 방향도 조절할 수 있어.

　　2013년에 우리나라가 최초로 쏘아 올린 인공 위성 나로호를 실은 로켓은 1단 로켓에 액체 연료를, 2단 로켓에 고체 연료를 사용했어. 액체 연료는 로켓에 오랫동안 넣어 둘 수 없고, 발사 직전에 채워 넣어야 한다는 단점이 있어.

인공위성과 우주 탐사 경쟁

　　인공위성은 달처럼 지구 둘레를 돌도록 만든 작은 우주선이야. 한마디로 말해 사람이 만든 가짜 위성이지. 1957년 소련(러시

푸아아아

슈우-

아의 옛 이름)은 세계 최초로 인공위성 스푸트니크 1호를 발사했어. 스푸트니크 1호는 무선 신호를 보내 인공위성이 지구 궤도를 돌 수 있음을 보여 주었어.

인공위성이 땅으로 떨어지지도 않고, 그렇다고 우주 공간으로 탈출하지도 않은 채 지구 둘레를 돌려면 어떻게 해야 할까? 과학자들은 지구 둘레를 안정적으로 돌기 위해 인공위성을 어느 정도의 속도로 발사해야 하는지 계산했어. 스푸트니크 1호는 이 계산을 바탕으로 1초당 약 8km를 나아가도록 만든 R-7 로켓에 실려 발사되었지.

현재 인공위성은 여러 가지 용도로 사용해. 전 세계를 하나로 이어 주는 통신 위성도 있고, 높은 곳에서 찍은 지구의 대기와 지표면 사진을 보내서 날씨 변화를 예측하도록 해 주는 기상 위성도 있어. 날씨를 관측하는 위성은 지구의 자전 속도와 같은 속도로 움직이기 때문에 늘 멈춰 있는 것처럼 보여. GPS 위성은 우리가 어디에 있는지를 정확하게 알려 주고, 길 안내도 해 줘. 이 위성들이 지구 주위를 돌면서 신호를 보내면, 수신기가 신호를 받아 특정 건물, 도로, 사람의 위치를 정확히 계산해 내지. 자동차 운전에 꼭 필요한 내비게이션 장치는 모두 이 위성의 도움을 받아 작동하고 있는 거야. 이외에도 인공위성은 재난 방지, 방송 중계, 적군 탐지 등에 쓰이며 우리의 눈과 귀 역할을 하지.

소련이 스푸트니크 1호를 쏘아 올린 1950년대는 세계적으로 우주 탐사 경쟁이 시작되던 시기야. 소련이 먼저 인공위성 발사에 성공하자, 경쟁국인 미국은 큰 충격을 받았어. 대통령까지 나서서 최초로 달에 인류를 보내겠다고 선언할 정도였지.

우주를 향한
위대한 출발

인공위성을 띄우는 데 성공한 소련은 인공위성에 살아 있는 생명체를 태우는 것에 도전했어. 인공위성(스푸트니크 2호)에 타게 된 생명체는 개 '라이카'였어. 라이카는 원래 소련의 길거리를 떠돌던 유기견이었어. 과학자들은 주인 없는 강아지를 실험실로 데려와 훈련시켜 우주로 내보냈지. 생명체가 지구 대기권을 벗어나도 살아남을 수 있는지 알아보기 위해서였어.

지구 생명체의 우주 비행

1957년 11월 3일 스푸트니크 2호는 라이카를 태우고, 땅에서 약 1,000km 높이까지 올라가 몇 달 동안 지구 주위를 돌다가 이

듬해 4월 대기권으로 진입해 불타고 말았어. 라이카의 희생 덕분에 생명체가 안전하게 우주 비행을 하려면 어떤 점을 개선해야 하는지 알게 되었고, 이후 다른 인공위성에 태워진 동물들은 살아서 돌아올 수 있었어.

1961년 소련의 우주 비행사 유리 가가린이 인류 최초로 우주 비행에 성공했어. 라이카를 비롯한 수많은 개와 원숭이들을 우주로 보내는 실험 끝에 드디어 사람이 우주로 나아가게 된 거야. 가가린은 1시간 48분 동안 지구 둘레를 돌았어. 그리고 "캄캄한 우주에서 본 지구는 선명한 푸른빛이었다."라는 유명한 말을 남겼지. 이때부터 사람들은 우리가 살아가고 있는 지구를 '푸른 행성'으로 기억하게 되었어.

인간을 달로 보내라!

1961년 5월 25일, 미국의 존 F. 케네디 대통령은 의회에서 이렇게 말했어.

"앞으로 10년이 지나기 전에 사람을 달에 착륙시킬 것입니다."

이때부터 40만 명의 전문가가 참여해 달에 인간을 보내는 계획이 시작되었지. 이 계획의 정식 이름은 '아폴로 프로젝트'였어. 8년간의 연구 끝에 마침내 1969년 아폴로 11호가 3일 동안 우주 공간을 날아 달에 착륙하는 데 성공했어.

아폴로 11호를 달까지 데려가기 위해 발사된 새턴 5호 로켓은 모두 3단이었어. 1단 로켓은 아폴로 11호를 지구의 대기권 밖으로 내보낸 뒤 연료가 바닥나자 떨어져 나갔고 이어서 2단 로켓의 연료가 타오르며 뜨거운 가스를 내뿜었지. 그 힘으로 아폴로 11호는 더 멀리 날아가 달에 점점 가까워질 수 있었어. 3단 로켓은 아폴로 11호를 달 둘레를 도는 궤도로 데려다준 뒤 떨어져 나갔어.

달에 국기를 꽂아라!

아폴로 11호에는 우주 비행사 3명이 타고 있었어. 마이클 콜린스, 닐 암스트롱, 버즈 올드린이지. 아폴로 11호가 계속 달의 궤도를 도는 동안 달에 직접 내려간 것은 조그만 착륙선 '이글'이야. 착륙선 이글에는 암스트롱과 올드린이 타고 있었어. 콜린스는 아폴로 11호에 남아 착륙선이 임무를 마치면 지구로 돌아갈 수 있도록 준비를 해 두어야 했거든.

착륙선을 타고 내려간 암스트롱과 올드린은 인류 최초로 달 위를 걸었어. 그리고 회색빛 먼지가 이는 달에 미국 국기를 꽂고 기념사진도 찍었지. 이후 두 사람은 2시간 30분 동안 머물며, 달의 암석을 22kg 정도 채취했어.

달 표면에서 활동을 마친 뒤 두 사람은 다시 이글을 타고 사령선이 오기를 기다렸다가 달의 궤도로 날아올랐어. 콜린스가 기다리는 아폴로 11호 사령선과 만나기 위해서였지. 이때 사용된 이글의 엔진은 로켓 엔진과 비슷한 원리로 날아오르는 구조였어.

이글과 사령선이 만나자, 암스트롱과 올드린은 사령선 안으로 이동

했어. 사령선이 지구로 돌아오는 여정은 자체 엔진의 연료를 태워 나아가는 방법을 썼어. 사령선이 달 궤도를 벗어나 지구 궤도로 무사히 돌아온 뒤 출발할 때 로켓이 떨어뜨린 것처럼 자체 엔진도 분리해 떨어뜨렸지. 최대한 무게를 줄인 사령선은 낙하산을 펼치며 태평양으로 떨어졌어. 1969년 7월 24일 오후 12시 50분(미국 동부 시간 기준)이었지.

외계인을 향한 메시지

미국 항공우주국(NASA, 나사)은 달에 사람을 보내는 계획을 성공시키기 전에 이미 태양계 전체로 무인 우주 탐사선을 쏘아 보내고 있었어. 1958년부터 파이어니어 1호가 우주 방사선과 자기장에 대한 정보를 수집해 보내 주었지. 그리고 이어서 나머지 파이어니어 탐사선들이 발사되자 다른 행성들에 대한 정보도 받아 볼 수 있게 되었어. 이 중에서 1965년에 발사된 파이어니어 6호는 태양을 향해 나아가며 태양풍, 코로나, 혜성의 꼬리에 대해 많은 정보를 수집해 보내 주었어.

파이어니어 1호에서 9호까지는 마치 행성처럼 태양 둘레를 돌며 태양계 곳곳을 관측했어. 지구를 관측하는 인공위성처럼 태양계 전체를 관측하는 인공 행성 역할을 하게 된 거야. 그리고 1972년에 발사된 파이어니어 10호는 목성을 지난 뒤 태양계 밖으로 향했어. 목성을 탐사한 첫 번째 우주 탐사선이자 최초로 태양계를 벗어나는 기록을 세우게 된 거지. 1973년에 발사한 파이어니어 11호는 토성을 둘러싼 구름을 통과해 지나가면서 토성과 토성 고리에 대한 정보를 수집해 보내 주었어.

파이어니어 10호, 11호는 지구와 통신이 끊어진 뒤에도 태양계를 벗어나 멀리 날아가고 있는 것으로 보여. 과학자들은 이런 경우를 대비해 우주선에 외계인을 향한 메시지를 싣기도 해. 예를 들어, 파이어니어호에는 지구인, 태양계, 지구의 과학에 대한 내용을 새긴 알루미늄판을 실었지. 1977년 발사된 우주 탐사선 보이저호에는 지구의 모습, 소리, 음악, 언어 등을 담은 레코드판을 실었어. 외계 생명체가 구리로 된 레코드판을 발견하고 사용법을 모를까 봐 뒷면에 재생 방법을 새기는 것도 잊지 않았어.

우주 정거장과 국제 협력

태양계를 탐사하기 위해 미국만 우주 탐사선을 보낸 것은 아니었어. 소련은 1959년 루나 1호를 달 근처로 쏘아 보낸 후, 1970년에는 베네라 7호를 금성에 착륙시키는 데 성공했어. 1986년에는 미르 우주 정거장을 지구 주변 궤도에 건설해 15년 넘게 운영하며, 인류의 우주 탐사에서 중요한 역할을 했지.

미르는 1986년 2월 19일에 처음 발사된 후, 필요한 부분들을 추가로 발사해 우주 공간에서 조립했어. 1991년 말에 소련이 러시아로 바뀐 뒤부터는 미국 우주 비행사들도 이곳에서 함께 일했지. 2001년에 운영이 중단될 때까지 미르는 우주 탐사를 위해 세계 각국이 서로 협력하

지구 궤도를 돌고 있는 국제우주정거장 ©NASA

는 일터가 되었고, 이후 '국제우주정거장(ISS)'이 건설되는 데 많은 도움을 주었어.

국제우주정거장은 전 세계 다양한 국가들이 참여한 다국적 협력 프로젝트야. 이곳에서는 중력이 없는 환경 아래 여러 가지 과학 실험들이 이루어지고 있어. 생물학, 물리학, 천문학, 의학 및 다양한 기술 분야를 다룬 실험이 가능해 지구의 과학 발전에 많은 도움을 주고 있지. 또 인류가 우주 여행을 하게 될 때를 대비해 우주 생활에 꼭 필요한 기술을 시험해 보는 장소로도 이용 중이야. 지금은 달이나 화성으로 가기 위한 준비를 하는 정도이지만, 과학 기술이 발달할수록 점점 더 많은 행성으로 나아가기 위한 중간 정류장 역할을 하게 될 거야.

국제우주정거장은 우주에서 지구를 관측하는 초소 역할도 해. 정거장에 장착된 기기와 카메라가 지구의 기후, 날씨 변화, 자연재해 등을 관측해 환경 연구나 재난 대응에 필요한 자료를 모아 주거든.

우주로 나아가는 비행기, 우주 왕복선

　아폴로 11호가 발사되어 최초로 달에 다녀온 뒤 우주 탐사에 대한 열망은 점점 더 커졌어. 좀 더 많은 사람들이 우주로 나가서 탐사를 하고 돌아오려면 새로운 탈것이 필요했지. 아폴로 11호처럼 지구로 돌아올 때 낙하산을 펼치고 바다에 풍덩 빠지는 방법은 고도로 훈련받은 우주 비행사들만 할 수 있었어. 과학자나 일반인이 우주로 나아가 실험도 하고 여행도 하려면, 비행기 활주로처럼 평범한 방법으로 돌아올 수 있는 우주선이 필요했지.

　1981년 미국의 케네디우주센터에서는 우주 왕복선 컬럼비아호가 발사되었어. 컬럼비아호는 우주로 나간 뒤 곧 거대한 로켓을 버리고 자체 엔진으로 움직였어. 발사 이틀 후에는 에드워즈 공군 기지의 활주로 위로 안전하게 내려와 우주 왕복선을 통한 우주 여행 시대를 열었지.

　우주 왕복선의 장점은 새로운 로켓을 달면 언제든 다시 우주로 나아갈 수 있다는 거야. 그래서 인류가 좀 더 쉽게 우주로 나아가게 도와주었지. 인공위성을 다양한 궤도에 배치하기 위해서도 자주 사용되었고, 과학 연구나 우주 정거장 건설에 필요한 것을 나르는 일에도 쓰였어. 우주 탐사에 실질적인 도움이 된 우주 왕복선 중 기억할 만한 것 몇 가지를 알아볼게.

　우주로 나갔다가 돌아온 최초의 우주 왕복선은 컬럼비아호야. 모두 28번이나 우주를 오갔지. 그런데 마지막 28번째 비행을 마치고 지구 대기권으로 들어오는 과정에서 폭발 사고가 났고, 탑승한 우주 비행사

7명이 모두 목숨을 잃었지. 여러 가지 연구와 실험까지 무사히 마치고 돌아오는 길이어서 더욱 안타까웠어.

1984년 8월 30일에 최초로 발사된 디스커버리호는 과학 실험이나 우주 정거장과 관련된 다양한 임무를 수행했어. 특히 1990년 4월에는 허블우주망원경을 우주로 실어 날랐어.

천문학자 에드윈 허블의 이름을 딴 이 망원경은 지구 대기권 위에 있기 때문에 밤낮 구분 없이 공기의 간섭도 받지 않고 우주를 관측할 수 있어. 이곳에는 구름이 없어 날씨가 흐리지 않기 때문에 아주 멀리 떨어진 은하나 다른 별도 관측할 수 있지. 초신성, 변광성, 혜성 등 여러 가지 우주 현상을 관측한 자료는 우리가 우주를 이해하는 데 큰 도움이 되었어. 허블우주망원경은 처음에는 땅으로부터 약 547km 위에 배치되었지만, 시간이 지남에 따라 서서히 내려와 현재는 약 530km 위에 있어.

디스커버리호는 2011년 2월 24일에 마지막 우주 비행에 나섰어. 주요 임무는 국제우주정거장에 '레오나르도'라는 특별한 방을 배달하는 거였어. 6m가 넘는 원통 모양을 한 이 방은 실험을 하고, 물건들을 보관할 공간으로 쓰이기 위한 것이야. 디스커버리호에 탑승한 우주 비행사 6명은 힘을 합쳐서 국제우주정거장에 레오나르도를 안전하게 연결하는 데 성공했지. 그리고 2011년 3월 9일에 디스커버리호를 타고 다시 지구로 돌아왔어. 이렇게 마지막 임무를 멋지게 마친 디스커버리호는 현재 스미소니언 국립 항공우주박물관에 전시되어 우주 탐험에 대한 영감을 많은 사람들에게 불어넣어 주고 있어.

발사 대기 중인 크루 드래건 ©NASA

챌린저호는 9번이나 우주를 오갔어. 하지만 1986년 1월 28일 열번째 임무를 수행하려고 이륙하던 중 73초 만에 본체가 파손되어 승무원 7명이 모두 사망하고 말았지. 이 사고로 우주 왕복선 프로그램은 한동안 중단되었고, 우주 비행의 안전 수칙을 되돌아보는 계기가 되었어.

현재 나사는 새로운 우주 발사 시스템 개발에 집중하기 위해 우주 왕복선 프로그램을 더 이상 운영하지 않아. 대신 보잉, 스페이스엑스(SpaceX) 등 민간 기업들이 이 분야에 뛰어들었지.

특히 스페이스엑스는 재사용이 가능한 로켓 팰컨 9호를 사용해 국제우주정거장까지 오가고 있어. 민간 기업으로서는 최초로 국제우주정거장에 유인 우주선 '크루 드래건'을 보냈어. 크루 드래건은 완전 자율 주행이 가능한 최첨단 내비게이션 장치를 가지고 있지. 또 우주 비행사들이 머무는 공간인 캡슐을 재사용할 수 있도록 설계해 비용을 크게 줄였어. 캡슐 내부에는 우주 비행사들이 생활하는 데 필요한 산소 공급 시설, 음식물 보관 장비, 쓰레기 처리 및 통신 장비 등이 있기 때문에 이 모든 것을 재사용하면 자원 낭비를 크게 줄일 수 있어. 스페이스엑스는 앞으로 안전성을 높여 일반인 우주 관광객도 태울 예정이라고 해.

우주로 가려면, '왜?'라고 묻자!

우주로 나아가려면, '왜?'라고 묻는 습관을 기르면 좋아. 우리가 미처 깨닫지 못한 길을 발견하는 데 큰 도움을 주기 때문이지. 평소 당연하게 여기던 사실에 대해 '왜?'라고 묻는 순간 새로운 길이 열리는 경우가 많아.

예를 들어, 우리가 달을 지나 더 멀리 인류를 보내려고 할 때 이런 자세는 꼭 필요해. 우주선이 지구 중력에서 완전히 벗어나 우주 공간으로 나가려면 로켓은 탈출 속도 이상으로 빨리 솟구쳐 올라야 해. 탈출 속도는 시속 4만 270km야. 1시간 만에 지구의 적도를 한 바퀴 도는 것과 비슷하지. 즉, 1시간에 세계 일주를 마치는 것보다 더 빠르게 날아올라야 한다는 거야. 그런데 이런 속도를 내기 위해서는 로켓에 어마어마한 양의 연료를 채워야 해.

자, 이제 한 가지 질문을 던져 보자.

'왜 우주 여행의 출발지는 항상 지구인 걸까?'

달의 중력은 지구의 6분의 1밖에 안 돼. 만일 달에 로켓 발사 기지가 있고, 이곳에서 우주선을 쏘아 보낼 수 있다면, 지구에서보다 훨씬 적은 연료를 써도 될 거야. 당연히 사용되는 로켓의 크기도 줄어들겠지.

게다가 1998년에 루나 프로스펙터호는 달의 남극과 북극에서 물이 포함된 얼음이 있다는 증거를 찾아냈어. 정말 달에 물이 있다면 인간이 살 수도 있어. 또 물이 수소와 산소 분자로 이루어져 있다는 사실은 희망을 갖게 만들지. 수소와 산소는 로켓의 연료를 만드는 데 필요한 재료이기 때문이야. 요즈음은 지상에서도 수소로 가는 자동차가 쓰이기 시작했는데, 우주에서는 더욱 말할 것도 없지.

사람이 먹을 물도 있고, 연료를 만들 재료도 있고, 중력은 6분의 1밖에 안 되는 곳이라니! 로켓 발사 기지를 이런 달에 세우지 않는다면 오히려 이상하지 않을까? 사실 달에 인류의 거주지와 기지를 만드는 일은 이미 시작되었어. '왜?'라는 질문 하나에서 시작된 이 위대한 도전에 몇몇 우주 항공 기업과 단체들이 관심을 보이고 있거든.

특히 나사도 현재 진행 중인 '아르테미스 프로그램'을 통해 달에 인류의 거주지를 만들겠다고 이미 선언했어. 이 거주지를 디딤돌 삼아 화성과 그 너머의 세계까지 탐사하려는 방대한 계획을 세우는 중이거든.

내가 1년 중 절반 이상 머무는 경상북도 안동에서는 달이 서울보다 두 배는 크게 보여. 이곳은 낮은 산들이 도시를 겹겹이 둘러싼 고원 지대야. 그만큼 하늘과 가깝고, 밤이면 달이 크고 환하게 비추지.

쥘 베른이 쓴 소설 《지구에서 달까지》에는 달까지 포탄을 타고 올라가는 사람들의 이야기가 나와. 대포를 쏘아 달까지 갈 수 있다는 상상이 어이없어 보이지만, 이곳에서 슈퍼문이 뜨는 날 둥근 보름달을 보면 쥘 베른의 마음이 이해가 돼. 달이 너무 가까워 손에 잡힐 듯하거든.

내가 이 책을 쓰고 있을 때였어. 달에 대한 자료 조사를 마치고 도서관을 나서다 하늘을 올려다보았지. 마침 초승달이 낮게 떠오르고 있었어. 노을이 물들어 오렌지빛 물감이 번진 듯한 하늘에서 새색시 눈썹처럼 가늘고 고운 초승달이 미소를 지었어. 짙은 초록빛 어둠에 묻히는 산 위로 떠오른 노란 초승달의 눈웃음…… 정말 세상에서 가장 아름다운 풍경이었어.

그날 나는 쓰레기, 먼지, 오물로 얼룩진 황폐한 달의 현실에 대해 어떻게 설명하는 게 좋을지 고민 중이었어. 인간이 가서 살기에는 너무 춥거나 뜨거운 태양계의 행성들에 대해서도 조금 거리감을 느끼고 있었지. 하지만 달이 선물해 준, 세상에서 가장 아름다운 풍경에 마음이 풀렸어.

《궁금했어, 태양계》는 태양계를 이루는 행성들의 이모저모를 살펴보는 책이야. 이 책을 읽고 나면 태양계에 대해 가지고 있었던 호기심이 많이 풀릴 거라고 생각해. 매일 보던 달이나 별, 태양이 조금은 더 친숙하게 느껴질 거야. 독자 여러분이 태양계와 조금이라도 가까워졌으면 하는 마음에서 쓴 책이거든.

이 책을 읽은 뒤에는 밤하늘이 다르게 느껴질 거야. 해 질 녘 걸음을 멈춘 횡단보도에서, 또 잠이 오지 않아 뒤척이는 어떤 밤, 꼭 하늘을 올려다보길 바라. 몇몇 행성과 달이 빛을 내는 밤하늘이면 더욱 좋을 것 같아. 우리의 얕은 지식만으로는 온전히 이해할 수 없는 태양계의 아름다움과 신비로움을 만나게 될 테니까.

사이언스 틴스 19

궁금했어, 태양계

초판 1쇄 인쇄 2025년 2월 14일
초판 1쇄 발행 2025년 2월 25일

글 | 유윤한
그림 | 김지하
펴낸이 | 한순 이희섭
펴낸곳 | (주)도서출판 나무생각
편집 | 양미애 백모란
디자인 | 박민선
마케팅 | 이재석
출판등록 | 1999년 8월 19일 제1999-000112호
주소 | 서울특별시 마포구 월드컵로 70-4(서교동) 1F
전화 | 02)334-3339, 3308
팩스 | 02)334-3318
이메일 | book@namubook.co.kr
홈페이지 | www.namubook.co.kr
블로그 | blog.naver.com/tree3339

ISBN 979-11-6218-344-1 73440